Aus dem Botanischen Institut der Universität Leipzig

Die quantitative Erfassung kleinster Mengen biologisch wichtiger Zuckerarten unter Ausschluß reduzierender nicht kohlehydratartiger Körper

Inaugural-Dissertation

zur Erlangung der Philosophischen Doktorwürde
einer Hohen Philosophischen Fakultät
der Universität Leipzig

vorgelegt von

Otto Lehmann

Mit 4 Textabbildungen

Springer-Verlag Berlin Heidelberg GmbH
1931

Angenommen von der mathematisch-naturwissenschaftlichen Abteilung der Philosophischen Fakultät auf Grund der Gutachten der Herren

RUHLAND und HELFERICH

Leipzig, den 19. Dezember 1930.

GOLF
d. Z. Dekan
der mathematisch-naturwissenschaftlichen
Abteilung der Philosophischen Fakultät

ISBN 978-3-662-40841-4

ISBN 978-3-662-41325-8 (eBook)

DOI 10.1007/978-3-662-41325-8

Sonderabdruck aus
„Planta", Archiv für wissenschaftliche Botanik
Bd. 13, Heft 4

A. Einleitung.

Im Gegensatz zum tierischen Organismus steht die Pflanze hinsichtlich ihres Energie- und Baustoffwechsels in erster Linie unter dem bestimmenden Einfluß des Kohlehydratspiegels. Kohlehydrate sind nicht nur das normale Atmungsmaterial der Pflanze, sondern liefern auch direkt oder indirekt das Kohlenstoffgerüst zur Synthese aller übrigen organischen Pflanzensubstanzen.

Eine quantitative eindeutige Bestimmung der Kohlehydrate ist daher eine der wichtigsten Grundlagen für die Erfassung des Stoffwechselumsatzes der Pflanze überhaupt. Diese Erkenntnis fand ihren Niederschlag in einer fast unübersehbaren Zahl von Kohlehydratbestimmungsmethoden, deren Unzulänglichkeit jedoch durch nichts besser dokumentiert werden könnte, als durch die immer noch weiter laufende Kette neu empfohlener Methoden. Die letzte Ursache für diese methodischen Schwierigkeiten liegt darin, daß zur Bestimmung der Kohlehydrate nicht eine nur ihnen zukommende spezifische Reaktion zugrunde gelegt werden kann, sondern daß wir die Menge aus ihrer Reduktionsfähigkeit zu bestimmen versuchen müssen, die sie mit einem völlig unübersichtlichen Gemisch wenig oder gar nicht bekannter Pflanzenstoffe gemeinsam haben. Die Tatsache, daß Art und Menge dieser reduzierenden pflanzlichen Begleitstoffe von Pflanze zu Pflanze sich ändern, machte eigentlich eine für jede Pflanzenart mehr oder weniger charakteristische Trennungsmethode von Zuckern und reduzierenden nichtzuckerartigen Substanzen notwendig.

Eine derartige ideale Trennungsmöglichkeit ist nach dem heutigen Stande unserer biochemischen Kenntnisse nicht zu erwarten. Man wird sich begnügen müssen, mittels Gruppenreaktionen die mehr allgemein auftretenden störenden Substanzen zu eliminieren, während die Beseitigung gewisser, auf eine oder wenige Pflanzenarten beschränkter Stoffe Spezialmethoden vorbehalten bleiben muß (Glycoside). Eine gewisse bedauerliche Unsicherheit bezüglich der Bestimmung reduzierender Zucker und Nichtzucker bleibt allen rein chemischen Zuckerbestimmungsmethoden, die auf der Reduzierbarkeit der Zucker basieren, anhaften, deren Ausmaß wir nicht nur durch Anwendung geeigneter Fällungsmittel, sondern auch durch Einführung der biologischen Zuckerbestimmungsmethode in Form der Vergärung durch Hefe um so erfolgreicher herabsetzen können, als das Auftreten nichtgärfähiger und dem Zugriff der Hefefermente unzugänglicher Zucker eine Ausnahme darstellen dürfte.

Eine weitere Anforderung, die wir an eine brauchbare Kohlehydratbestimmungsmethode stellen müssen, ist diejenige der exakten quantitativen Erfassung *sehr kleiner* Kohlehydratmengen, wie sie für die Frage der Lokalisation von Zuckerentstehung und -verbrauch, sowie der Wanderungsfrage unentbehrlich ist. Daher lenkte ich mein Hauptaugenmerk in erster Linie auf die Ausarbeitung einer zuverlässigen Mikromethode der Zuckerbestimmung.

B. Experimenteller Teil.

Bei der folgenden Übersicht und kurzen Wiedergabe des Analysenganges der gebräuchlichsten Methoden kommt es mir weniger auf eine erschöpfende Kritik und ausführliche Darlegung als vielmehr auf eine kritische Beurteilung der praktischen Anwendbarkeit der einzelnen Methoden und deren Verläßlichkeit für die Kohlehydratbestimmung aus dem unübersichtlichen Stoffgemisch des Pflanzenkörpers an. Besondere Beachtung fanden Methoden, die eine Möglichkeit zur mikroanalytischen Kohlehydratbestimmung boten. Ungebräuchliche Methoden, wie z. B. das Verfahren mit Indigotetraschwefelsäure (49), habe ich unerwähnt gelassen.

I. Glukosebestimmungsmethoden.
a) Die Kupferreduktionsmethode.

Mehrere Zuckerarten lassen sich durch Reduktion von Metallsalzen in alkalischer Lösung bestimmen. Am gebräuchlichsten ist eine Lösung von Kupfersulfat in Natronlauge (FEHLINGsche Lösung). Diesem Bestimmungsverfahren haftet zwar der große Nachteil an, daß alle Substanzen, die ebenso wie die Zucker das Reduktionsgemisch reduzieren, eine absolute Erfassung der tatsächlichen Kohlehydrate verhindern und infolgedessen aus dem Pflanzenextrakt entfernt werden müssen (vgl. S. 632). Trotzdem ist diese Methode in Ermangelung besserer Verfahren viel angewandt worden und hat im einzelnen eine große Anzahl von Abwandlungen erfahren. Je nach Zusammensetzung des verwendeten Reaktionsgemisches und der Bestimmung der verbleibenden Restoxydation lassen sich mehrere Gruppen von Methoden zusammenfassen.

1. Gravimetrisch.

Das gewichtsanalytische Verfahren wurde zuerst von ALLIHN (61) und von MEISSL (61) ausgearbeitet, später von BROWN, MORRIS u. MILLER (13) verbessert. Das reduzierte Cu-Salz wird direkt teils nach weiterer Reduktion als metallisches Kupfer, teils nach erfolgter sekundärer Oxydation als CuO bestimmt.

Mit dieser Methode haben DAVIS u. DAISH (20) ihre Kohlehydratstudien an Mangoldblättern angestellt. Trotz der von ihnen eingeführten Verbesserungen halten sie selbst die Methode noch für unvollkommen und verbesserungsbedürftig. Auch RUHLAND (88) bedient sich in seinen Untersuchungen über den Kohlehydratstoffwechsel von *Beta vulgaris* neben der Polarisation der gravimetrischen Cu-Reduktionsmethode und scheint sich deren Unzulänglichkeit für die quantitative Erfassung des Zuckers wohl bewußt zu sein, wenn er sagt: „Es kam mir bei meinen quantitativen Versuchen aber nur selten auf die Ermittelung absoluter Zuckermengen im Pflanzenorgan an."

Die Methode ist zur *Mikro*bestimmung, abgesehen von den zeitraubenden technischen Schwierigkeiten, nicht geeignet.

2. Titrimetrisch.

Das von FEHLING zuerst eingeführte und von FR. SOXLETH (61) verbesserte maßanalytische Verfahren zur quantitativen Zuckerbestimmung wird von den meisten Forschern bevorzugt. Ein Beweis dafür sind die zahlreichen Modifikationen, von denen im Folgenden nur die wichtigsten kurz wiedergegeben werden sollen.

BENEDIKT (5, 6) richtet sein Hauptaugenmerk auf die Reoxydation des gebildeten Kupferoxyduls und die zerstörende Wirkung von Alkali auf Glukose. Verschiedene Versuche veranlassen ihn, eine Kupfercarbonatlösung in Verbindung mit Kaliumsulfocyanid zu verwenden. Erwähnt sei in diesem Zusammenhang, daß LING u. RENDLE (64) als Reduktionsreagenz FEHLINGsche Lösung in Verbindung mit Ferrothiocyanid empfehlen.

Die BENEDIKTsche Methode kommt als *Mikro*methode nicht in Frage.

Nach BERTRAND (10) wird das beim Kochen mit FEHLINGscher Lösung gebildete Kupferoxydul in einer Lösung von Ferrisulfat in Schwefelsäure gelöst. Das dabei nach der Formel:

$$CuO_2 + Fe(SO_4)_3 + H_2SO_4 = 2\ CuSO_4 + 2FeSO_4 + H_2O$$

entstehende Ferrosulfat wird mit Permanganatlösung titriert. Die Berechnung von 10—100 mg Glukose ist in einer Tabelle angegeben.

ILJIN (52), der sich der Methode in Verbindung mit der Polarisation bedient, verwendet an Stelle der Filtration das Zentrifugieren des Kupferoxyduls. Die Permanganatlösung stellt er doppelt so stark als BERTRAND her.

GREINER (44) hat die Methode zur Bestimmung kleiner Zuckermengen umgearbeitet. Er ändert die Permanganatlösung und kann auf diese Weise Mengen von 1—10 mg Glukose bestimmen.

Die Schwächen der BERTRANDschen Methodik bestehen in der nicht ganz einfachen Handhabung und in der Unmöglichkeit, mit ihr Mengen unter 1 mg Zucker zu analysieren.

Das bei der FEHLINGschen Lösung reduzierte Cu-Salz läßt sich entweder als Cupro- oder Cuprioxyd durch jodometrische Titration nach folgender Gleichung bestimmen:

$$CuSO_4 + nKJ = CuJ + J_2 + K_2SO_4.$$

Versuche zur Bestimmung des Cuprioxydes sind von GOOCH u. HEATH (42), solche zur Bestimmung des Cuprooxydes von MACLEAN (68) und SCALES (92) angestellt worden. SHAFFER-HARTMANN (96) haben genaue Methoden zur Bestimmung großer und kleiner Zuckermengen ausgearbeitet. Ihre Fällungs- und Reduktionslösungen lehnen sich an die von FOLIN-WU und BENEDIKT (S. 579) an.

Die Methode ist von SOMOGYI (100) nachgeprüft und durch Abänderung des Kupferreagenses für die Bestimmung geringer Glukosemengen anwendbar gemacht worden.

Auch BANG (3) bedient sich zur Bestimmung des reduzierenden Kupfersalzes in seiner Mikromethode zur Blutzuckeruntersuchung der Jodometrie: Das gebildete Kupferoxydul wird durch Jodsäure oxydiert und der Überschuß an Jodsäure nach Zusatz von Jodkali mit Thiosulfatlösung titrimetrisch ermittelt. Im „alten" Verfahren werden verschiedene Fehlerquellen entdeckt, z. B. die rasche Oxydation des Kupferoxyduls an der Luft und die Abgabe von jodbindenden Substanzen durch den Gummischlauch. Im „neuen" Verfahren sind alle Fehler beseitigt und man erhält bei peinlich genauer Beachtung der Vorschriften genaue Ergebnisse.

Mit der BANGschen Methode erhält man zwar innerhalb der Leistungsgrenze genaue Werte, doch macht sich bei Serienbestimmungen die Umständlichkeit und unbequeme Handhabung unangenhm bemerkbar. Außerdem wird nach neueren Untersuchungen von DONHOFFER (27) das BANGsche Reaktionsgemisch von Nichtzuckern reduziert, die auf das Reaktionsgemisch anderer Methoden, z. B. HAGEDORN-JENSEN (S. 581), nicht einwirken, so daß bei Zuckerbestimmungen diese Methode zu hohe Werte liefert.

Die im Vorstehenden angeführten maßanalytischen Methoden sind in der Pflanzenphysiologie zur Zuckerbestimmung am häufigsten angewandt worden. SPOEHR (102) hat in seinen Untersuchungen über den Kohlehydratstoffwechsel der Kakteen die ursprüngliche FEHLING-SOXLETH-Methode nach den Angaben von PFLÜGER (102) und PETERS (102) derart abgeändert, daß er Kupferlösung im Überschuß zugibt und das nicht reduzierte Cu jodometrisch bestimmt. GAST (39) bedient sich der SHAFFER-HARTMANNschen, SCHRÖDER u. HORN (93) der BERTRANDschen und TOLLENAAR (109) der BANGschen Methode. Das BENEDIKTsche Verfahren ist meines Wissens in der Pflanzenphysiologie nicht verwendet worden.

3. Colorimetrisch.

FOLIN u. WU (36) haben eine Methode ausgearbeitet, durch welche das vom Zucker reduzierte Kupfer auf *colorimetrischem* Wege quantitativ erfaßt wird. Sie verwenden zur Oxydation des Zuckers eine mit Natriumcarbonat alkalisch gemachte Kupfersulfatlösung unter Zusatz von Weinsäure. Das nach der Reduktion gebildete Kupfersalz gibt mit einem genau beschriebenen Phenolreagenz eine blaue Farbe, die im Colorimeter mit einer Standardlösung verglichen wird. Da das Phenolreagenz geringe Fehler hervorrufen soll, wird es in einer späteren Arbeit (37) durch eine Phosphormolybdatlösung ersetzt, deren Herstellung auch einfacher sein soll. Als Zusatz zur Kupfersulfatlösung verwendet er nicht mehr Weinsäure und Natriumcarbonat, sondern Seignettesalz und Natriumbicarbonat mit der Begründung, daß für die Reduktion der Kupfersulfatlösung die Alkalinität von Wichtigkeit ist. Weiter wurde eine Apparatur, die die Reoxydation des gebildeten Cu verhindern soll, neu eingeführt (FOLIN-WU-Röhre). Aber auch die Phosphormolybdatlösung wird noch einmal zusammen mit der schon oben erwähnten Kupfersulfatlösung geändert (34). FOLIN empfiehlt ein Molybdänsäurereagens, das zum Gebrauch für kurze oder längere Zeit hergestellt werden kann.

GILBERT u. BOCK (40) haben die FOLIN-WUsche Methode als Mikromethode angewandt, nahmen aber mehrere Änderungen in den Standard- und Kupferlösungen vor.

FONTES u. THIOVILLE (38) haben die Methoden unter Anwendung manganimetrischer Abänderungen umgearbeitet. FLEURY u. BOUTÔT (32), die die Originalmethode und letztere prüften, kommen zu dem Ergebnis, daß der abgeänderten Methode der Vorzug zu geben ist. Sie betonen, daß zur Erzielung brauchbarer Resultate die exakte Herstellung der Standardlösungen und die genaueste Ausführung der Analyse notwendig ist.

Die im Vorstehenden absichtlich ausführlicher wiedergegebenen zahlreichen Abänderungen in der Herstellung der Standardlösungen und die nicht entschiedene Polemik zwischen FOLIN-WU und BENEDIKT (9), der ein Kupfersulfat-Citrat- und Carbonatreagens vorschlägt, ließen mich an der Exaktheit der Methode zweifeln. In erster Linie ist die Methode für die Bestimmung von Zucker im Blut und Harn gedacht. Die Autoren glauben die Fehlerquellen, die durch Kreatin, Harnsäure und dergleichen entstehen, beseitigt zu haben. Es sind also nur solche Substanzen, die im Blut und Harn vorkommen, berücksichtigt worden. Außerdem scheint

mir eine colorimetrische Bestimmungsmethode für Pflanzenauszüge, die
ja häufig gefärbt und getrübt sein können, wegen des damit verbundenen
Reinigungsprozesses unpraktisch und bedenklich. Einen Vorteil gegenüber dem titrimetrischen Verfahren bietet die FOLIN-Wusche Methode
also nicht.

b) Die Jodoxydationsmethode.

Glukose wird in alkalischer Lösung durch Jod im Überschuß zu
Glukuronsäure oxydiert. Diese Eigenschaft hat CAJORI (14) als Grund-
lage für eine Methode zur Trennung von Glukose von anderen Kohlehydraten und zu ihrer quantitativen Bestimmung benutzt. Der Analysengang ist kurz folgender: Der zu untersuchenden Glukoselösung werden
Natriumcarbonat und eine bestimmte Menge Jodlösung zugefügt. Nach
der unter bestimmten Bedingungen eingetretenen Oxydation wird nach
Neutralisation mit Schwefelsäure die restliche Jodlösung mit Natrium-
thiosulfat titriert. Die Reaktion vollzieht sich also nach der Gleichung:

$$C_6H_{12}O_6 + J_2 + H_2O = C_6H_{12}O_7 + 2HJ.$$

Da Fructose und Saccharose nicht oxydiert werden, verwendet CAJORI
seine Methode in Verbindung mit der BENEDIKTschen Kupferoxydations-
methode (S. 577) zur Trennung und quantitativen Bestimmung der drei
Zuckerarten. Da auch Maltose, wie CAJORI zeigt, von Jod oxydiert wird,
könnte dieser Zucker ebenfalls in die Trennung hineinbezogen werden.

HINTON u. MACARA (47) haben die Methode verbessert und erwei-
tert. Sie halten Natriumcarbonatlösung nicht für ratsam, da sie eine
höhere Temperatur oder längere Reaktionszeit erfordert, und empfehlen
deshalb Natriumhydroxyd. Ihre Untersuchungen haben sie außer auf
Dextrose, Fructose und Saccharose auch auf Lactose und Invertzucker
ausgedehnt. Sie stellen eine zwar geringe, aber bestimmte Oxydation
auch bei Fructose und Saccharose fest.

Die von WILLSTÄTTER u. SCHÜBEL (113) schon früher veröffentlichte
Hypojoditmethode beruht auf dem gleichen Prinzip.

Die wegen ihrer einfachen Handhabung verlockende Methode ist zur
Mikrobestimmung leider nicht geeignet. Im Abschnitt „Fructosebestimmungsmethoden" komme ich noch eingehender auf diese Methode zurück
und werde über meine eigenen Versuche in dieser Richtung sprechen
(siehe S. 598).

c) Die Pikrinsäuremethode.

Die LEWIS-BENEDIKTsche Zuckerbestimmung (7) beruht auf der Farb-
bildung, die durch Reduktion eines Pikrat-Pikrinsäurereagenses in alkalischer Lösung entsteht und colorimetrisch gegen eine Standard-Glukose-
lösung bestimmt wird. MYERS-BAILEY (75) und BENEDIKT selbst (8)
haben die Methode mehrfach geändert. Da die Methode nach BENEDIKTs
eigenen Angaben im allgemeinen zu hohe Werte liefert (9), soll auf die
Methodik nicht näher eingegangen werden.

Thomas u. Dutcher (108) üben an den bisher gebräuchlichen Cu-Reduktionsmethoden Kritik und ziehen die Lewis-Benediktsche Pikrinsäuremethode, die sie mit einigen Abänderungen für ihre Untersuchungen am Pflanzenmaterial verwenden, allen anderen vor, besonders bei der Bestimmung kleiner Zuckermengen.

Sowohl die vergleichenden Untersuchungen einiger Forscher (S. 582) als auch Benedikts eigene Kritik und die nach Sumner (104) etwas umständliche Bestimmungsart lassen die Methode für Kohlehydratbestimmungen im Pflanzenmaterial ungeeignet erscheinen.

d) Die Dinitrosalicylsäuremethode.

Die Sumnersche (l. c.) Dinitrosalicylsäuremethode ist ähnlich der Benediktschen Pikrinsäureanalyse: Die nach bestimmtem Verfahren hergestellte Dinitrosalicyllösung färbt beim Kochen im Wasserbad Glukosestandardlösung. Die Farbintensität wird im Colorimeter verglichen.

Die Methode, die übrigens nur für Glukose, die aus gut gereinigten tierischen Säften bestimmt werden soll, ausgearbeitet ist, liefert nach Greenwald (43) sehr hohe Werte.

e) Die Kaliumferricyanidmethode.

Folin (35) hat in jüngster Zeit eine Arbeit veröffentlicht, die sich mit der Bestimmung von Zucker in 0,1 ccm Blut befaßt. Die Methodik beruht auf folgendem Prinzip: Zucker reduziert alkalisches Kaliumferricyanid zu Ferrocyanid, das mit Ferrisulfat Berliner Blau bildet. Die sehr intensive Farbe gestattet eine genaue colorimetrische Messung von 0,04 mg Glukose an. Folin weiß die großen Vorzüge dieser Methode wohl zu schätzen und läßt alle früher empfohlenen Kupferreduktionsmethoden fallen.

Schon vor Folin haben Hagedorn-Jensen (45) zur Oxydation des Zuckers Kaliumferricyanid verwandt. Die Methode bietet den Vorteil, daß sich Kaliumferrocyanid leicht in eine Verbindung überführen läßt, die sich an der Luft nicht spontan zurückoxydiert, wenn ersteres einmal von Zucker vollkommen reduziert worden ist. Nach verschiedenen orientierenden Versuchen haben die Autoren die Methode in der Weise ausgearbeitet, daß das Oxydationsmittel im Überschuß zur zu bestimmenden Zuckerlösung zugegeben und der Überschuß nach Ablauf des Reaktionsprozesses auf jodometrischem Wege bestimmt wird (I). Der Vorgang ist reziprok, verläuft aber quantitativ zur Bildung von Ferrocyanid und Jod, wenn man das gebildete Ferrocyanid vom Reduktionsgemisch durch Fällung als unlösliche Zinkverbindung entfernt (II). Zum besseren Verständnis führe ich die Gleichungen an:

I. $2K_3Fe(CN)_6 + 2KJ = 2K_4Fe(CN)_6 + 2J.$

II. $2K_4Fe(CN)_6 + 3ZnSO_4 = K_2Zn_3(Fe(CN)_6)_2 + 3K_2SO_4.$

Das freie Jod wird in essigsaurer Lösung mit gegen Kaliumjodat eingestellter Natriumthiosulfatlösung titrimetrisch ermittelt.

Bei Beginn meiner Untersuchungen war die neue FOLINsche Methode noch nicht erschienen. Trotzdem hätte ich die titrimetrische HAGEDORN-JENSENsche Methode der colorimetrischen FOLIN-Methode vorgezogen. Erstere scheint mir infolge ihrer einfachen Handhabung und der Möglichkeit, Mengen von 0,002 mg Glukose an zu bestimmen, und schließlich infolge ihrer Anwendbarkeit auch bei Pentosen zur Kohlehydratbestimmung im Pflanzenmaterial besonders geeignet (Pentosen siehe S. 617).

SCHUMACHER (94) hat im Leipziger Botanischen Institut zum ersten Male „versuchsweise" die HAGEDORN-JENSENsche Methode zur Zuckerbestimmung im Pflanzenmaterial herangezogen. Er erhebt bei diesen Versuchen keinen Anspruch auf vollkommene Zuverlässigkeit, sondern hält die Methodik im einzelnen für verbesserungsbedürftig.

Vergleichende Kritik verschiedener Glukosebestimmungsmethoden.

Um ein abschließendes Urteil gewinnen zu können, seien im Anschluß an die Reduktionsmethoden einige vergleichende Untersuchungen, die mehrere Forscher mit verschiedenen Methoden vorgenommen haben, wiedergegeben.

HÖST-HATLEHOL (51), CZONKA-TAGGART (16) und GREENWALD und Mitarbeiter (l. c.) haben unabhängig voneinander Analysen von biologischem Material mit verschiedenen Methoden vorgenommen und kommen zu wenig ermutigenden Ergebnissen. Da der Grund für diese abweichenden Ergebnisse in den reduzierenden, nichtzuckerartigen Substanzen, die bei den einzelnen Methoden verschieden reagieren, zu suchen ist, so richten die Autoren ihr Augenmerk besonders auf diese. HÖST-HATLEHOL erhalten die höchsten Werte mit der LEWIS-BENEDIKT-Methode; dann folgt die FOLINsche. Es sei bemerkt, daß hier und im Folgenden stets die ältere FOLIN-WU-Methode gemeint und unter der LEWIS-BENEDIKT-Methode die Pikrinsäuremethode zu verstehen ist. Die niedrigsten Werte liefert die BANGsche Methode. CZONKA-TAGGART, die LEWIS-BENEDIKT und FOLIN vergleichen, kommen zu dem gleichen Ergebnis. GREENWALD vergleicht die Methoden von FOLIN-WU, SHAFFER-HARTMANN, MACLEAN, LEWIS-BENEDIKT und SUMNER. Die gefundenen Werte steigen im allgemeinen (es wurden mehrere Zuckerarten geprüft, die sich den einzelnen Methoden gegenüber nicht vollkommen gleich verhielten) in der angegebenen Reihenfolge der Methoden. Die Resultate von HÖST-HATLEHOL und CZONKA-TAGGART werden also bestätigt.

In jüngster Zeit haben DUGGAN-SCOTT (28) und HOLDEN (49) ebenfalls unabhängig voneinander das Problem wieder aufgegriffen. Die ersteren vergleichen die Methoden LEWIS-BENEDIKT, SHAFFER-HARTMANN, FOLIN-WU, HAGEDORN-JENSEN und finden zu hohe Werte bei LEWIS-BENEDIKT, übereinstimmende Resultate bei FOLIN-WU und HAGEDORN-JENSEN. Nach HOLDEN liefert die LEWIS-BENEDIKT-Methode

30—50% höhere Werte als die Folin-Wu-Methode. Die Knecht-Hibbert-Methode (S. 590) gibt ständig sehr hohe Werte; Hagedorn-Jensen und Bang stimmen gut überein. Holden findet bei seinen Untersuchungen mit reduzierenden Substanzen, daß die meisten Aminosäuren in mäßiger Konzentration auf die Methode Hagedorn-Jensen keinen Einfluß haben (vgl. S. 638). Lund-Wolf (66), die die Methoden Bang, Lewis-Benedikt, Folin-Wu und Hagedorn-Jensen prüfen, bestätigen die von Holden gefundenen Werte und verwenden zur Blutzuckerbestimmung die Hagedorn-Jensensche Methode.

Aus diesen vergleichenden Untersuchungen ist deutlich ersichtlich, daß die Methoden Folin-Wu, Bang und Hagedorn-Jensen die niedrigsten Werte geben, d. h. die meisten reduzierenden Substanzen werden ausgeschlossen. Dadurch nähern sich die Ergebnisse dieser Methoden am meisten den tatsächlichen Zuckerwerten. Beim Vergleichen der Hagedorn-Jensen-Methode mit Bang oder Folin-Wu wird ersterer der Vorzug gegeben (Holden, Lund-Wolf).

Weiter ergibt sich aus dem Dargelegten ohne weiteres der ganze problematische Wert derartiger Untersuchungen: Die Zuverlässigkeit der Methode ist in erster Linie eine Funktion des erreichten Reinigungsgrades, der seinerseits wieder stark bei den einzelnen Methoden differieren wird. Allgemein jedoch wird man sagen dürfen, daß diejenige Methode die zuverlässigsten Werte ergeben wird, die auf ein Reaktionsgemisch von möglichst niedrigem Oxydationspotential zurückgreift. Als eine solche wurde die Hagedorn-Jensensche Kaliumferricyanidmethode erkannt.

Die Technik der Hagedorn-Jensenschen Methode.

Die oben im Prinzip wiedergegebene Methode Hagedorn-Jensen benutzte ich, wie schon dort erwähnt, für meine Untersuchungen. Die äußerst empfindliche Methode, mit der Glukosemengen bis zu 0,002 mg erfaßt werden können, bedarf einiger Übung. Es ist daher dringend zu empfehlen, vor der Bestimmung wichtigen Pflanzenmaterials eine Anzahl Übungsanalysen an reinen Zuckern und an beliebigem Material vorzunehmen.

Die im Laufe der zahlreichen Untersuchungen gewonnenen Erfahrungen veranlaßten mich, einige Änderungen in der Methodik vorzunehmen.

Die Lösungen und ihre Haltbarkeit: Der Titer der frisch bereiteten Natriumthiosulfatlösung ist bekanntlich nicht konstant. Nach einigen Tagen wird der Titer gleich bleibend, ganz allmählich jedoch immer schwächer. Eine Änderung des Titers ist innerhalb von 2—3 Tagen wohl zu merken, so daß die tägliche Einstellung der Lösung unerläßlich ist. In der „Apotheker-Zeitung" vom Jahre 1928 wurde zur Haltbarmachung einer Thiosulfatlösung der Zusatz von 0,2% Natriumfluorid empfohlen. *Vollkommen* konstant blieb der Titer auch nach diesem Zusatz nicht, er war jedoch mindestens 8 Tage lang unverändert, so daß nur eine gelegentliche Kontrolle nötig war.

Die von HAGEDORN-JENSEN zur Einstellung der Natriumthiosulfatlösung empfohlene Kaliumjodatlösung ist lange Zeit haltbar. Ich habe selbst nach einem Jahr noch keine Veränderung bemerkt.

In der Originalmethode wird die Kaliumferricyanidlösung mit wasserfreiem Natriumcarbonat versetzt. In einer mir leider nicht mehr erinnerlichen Arbeit wird die gesonderte Herstellung einer 10%igen Natriumcarbonatlösung empfohlen, von welcher kurz vor der Analyse (vor dem Kochen) eine bestimmte Anzahl Tropfen zum Gesamtgemisch zugegeben werden. Auf diese Weise wird eine lästige Ausflockung in der Standard-Kaliumferricyanidlösung vermieden. Ich habe dies Verfahren stets angewandt und die Lösung lange Zeit aufbewahren können. Der sich nach einiger Zeit bildende Bodensatz ist ohne Einfluß; man entfernt ihn durch Abgießen der klaren Flüssigkeit. Die frisch bereitete Lösung ist 1—2 Tage vor ihrer Verwendung stehen zu lassen, da frische Lösungen stets schwankende Ergebnisse liefern.

Die Zinksulfat-Jodkalilösung sollte nur in kleinen Mengen vorrätig gehalten werden. Die Lösung färbt sich nämlich nach einigen Tagen durch die Abscheidung von freiem Jod gelbbraun, was an und für sich für die Bestimmung ohne Einfluß ist, da das freie Jod durch den Blindwert mit bestimmt wird. Fehlerquelle und -grenze werden aber auf diese Weise vergrößert.

Es ist nicht empfehlenswert, die Stärke in gesättigter NaCl-Lösung zu lösen, da das häufige Auskristallisieren von NaCl lästig ist. Hauptsächlich aber vermied ich das Natriumchlorid, weil in manchen Pflanzenauszügen die Blaufärbung durch NaCl-Stärke nicht klar hervortrat und infolgedessen der Farbumschlag nicht scharf zu erkennen war. Die Neuanfertigung einer Lösung etwa jeden 4. Tag dürfte nicht besondere Mühe machen.

Um die Fehlergrenzen, die bei Verwendung kleiner Reagentienmengen enger werden, möglichst herabzusetzen, habe ich schwächere Normallösungen verwandt. Statt einer n/200 Kaliumferricyanidlösung stellte ich eine n/500-Lösung in der Weise her, daß ich 0,66 g Kaliumferricyanid in 1000 ccm Wasser löste. Entsprechend fertigte ich auch eine n/500 KJO_3-Lösung an. Von diesen Lösungen legte ich dann nicht wie HAGEDORN-JENSEN 2 ccm, sondern 5 ccm vor, verringerte also damit den Pipettenfehler. Am Reaktionsverlauf wird hierdurch nichts geändert, da die Gesamtflüssigkeit wie vorgeschrieben auf 14 ccm verdünnt wird. Nur die Natriumthiosulfatlösung ließ ich 1/200 N, um die von HAGEDORN-JENSEN ausgearbeitete Tabelle benutzen zu können. Eine Verdünnung dieser Lösung ist nicht so notwendig, da die für diese Lösung im Gebrauch befindliche Mikrobürette ein exaktes Abmessen der kleinsten Flüssigkeitsmenge gestattet.

Über die Haltbarkeit der zur Untersuchung an reinen Zuckern hergestellten Standardlösungen wurden folgende Versuche angestellt, die zugleich einen Schluß auf die Haltbarkeit der Pflanzenextraktlösungen zulassen: Der Reduktionswert einer reinen 0,1%igen wässerigen und bei Zimmertemperatur aufbewahrten Glukoselösung war schon nach 24 Stunden 3% *höher* als der normale Wert und stieg nach weiteren 24 Stunden auf 7%. Dagegen blieb der Reduktionswert der gleichen Lösung bei etwa 0⁰ im Eisschrank unter Zusatz einiger Tropfen Toluol aufbewahrt mindestens 4 Tage konstant. Gleiche Resultate wurden mit Saccharose, Maltose und Xylose erzielt. Verkleisterte Stärke lieferte jedoch schon nach 3tägiger Aufbewahrung im Eisschrank nach der Hydrolyse nur etwa 94% der angewandten Menge anstatt 98% normalerweise, zeigte also eine *Abnahme*. Bedeutend länger war eine Taka-Diastaselösung unter den angegebenen Bedingungen und in der Dunkelheit haltbar; sie *steigerte* erst nach 12 Tagen ihre Eigenreduktion unter gleichzeitigem Verlust der fermentativen Wirksamkeit. — Ähnliche Ergebnisse wurden am Pflanzenextrakt erhalten: Der in der Kälte unter Toluolzusatz aufbewahrte wässerige Extrakt änderte nach etwa 5 Tagen den Reduktionswert, während die bei Zimmertemperatur aufbewahrte Flüssigkeit schon am nächsten Tage einen anderen Titrationswert zeigte.

Erwähnt sei schließlich noch, daß die für die Standardversuche verwandten Reagentien und im besonderen die reinen Kohlehydrate bei angemessener Temperatur getrocknet und ständig im Exsiccator aufbewahrt wurden.

Die Titration: Am empfehlenswertesten ist es, Werte zwischen etwa 0,080 mg bis 0,300 mg Glukose zu titrieren. Nach meinen Erfahrungen werden höher oder tiefer liegende Werte bei Benutzung der vorgeschriebenen Lösungen und der HAGEDORN-JENSENschen Tabelle häufig ungenau. Die Werte unter 0,080 mg zeigen im allgemeinen fallende, die über 0,280 mg steigende Tendenz. Auch die Kontrollen untereinander differieren beträchtlich. Werte unter 0,010 mg und über 0,370 mg sind überhaupt nicht zu bestimmen (Tabelle 1).

Zur Erlangung exakter und sicherer Werte ist mindestens eine Kontrollanalyse auszuführen (1 und 2 in den Tabellen 2—7), um den Durchschnitt wählen und damit die innerhalb der Fehlergrenzen liegenden Differenzen eliminieren zu können. Selbstverständlich ist zu *jeder* Analysenreihe ein Blindwert zu bestimmen.

MARTINSON (71) veröffentlichte einige Erfahrungen, die er mit der Methode HAGEDORN-JENSEN gemacht hat. Er fand, daß gesetzmäßige Schwankungen in den Befunden, die aber 4—5% nie übersteigen, von einem ungleichmäßigen Zuführen der Kaliumferricyanidlösung herrühren. Um ein genaues, gleichmäßiges und vollständiges Zuführen von K_3FeCy_6 zu gewährleisten, wird empfohlen, mit dem Abtropfen der Pipette stets

Tabelle 1.

Nr.	Angewandte Glukosemenge mg	Gefunden 1. mg	Gefunden 2. mg	Gefunden 3. mg	Durchschnitt %
1.	0,010	0,008	0,009	0,008	83,3
2.	0,030	0,028	0,029	0,028	94,4
3.	0,050	0,048	0,047	0,049	96,0
4.	0,080	0,079	0,080	0,080	99,6
5.	0,100	0,100	0,101	0,100	100,3
6.	0,200	0,201	0,199	0,200	100,0
7.	0,250	0,248	0,251	0,250	99,9
8.	0,280	0,281	0,278	0,281	100,9
9.	0,300	0,295	0,298	0,293	98,4
10.	0,330	0,335	0,341	0,338	102,4
11.	0,350	0,361	0,352	0,356	101,7
12.	0,370	0,379	0,383	0,387	103,5

Tabelle 2.

Nr.	Angewandte Glukose-menge mg	Ablauf $^1/_2$ Min. Gefunden 1. mg	Gefunden 2. mg	Ablauf 1 Min. Gefunden 1. mg	Gefunden 2. mg	Ablauf 2 Min. Gefunden 1. mg	Gefunden 2. mg
1.	0,100	0,098	0,098	0,099	0,100	0,102	0,100
2.	0,150	0,145	0,146	0,150	0,151	0,151	0,149
3.	0,200	0,193	0,191	0,201	0,202	0,198	0,199
4.	0,250	0,245	0,249	0,248	0,250	0,250	0,251
Durchschnitt %		97,3	97,7	99,7	100,4	100,1	99,8

5 Minuten lang zu warten und danach diese auszublasen und nach-
zuspülen. Bei Anwendung dieser Vorschrift würde ein Fehler von 2%
nicht überschritten werden. Wie meine Analysen in Tabelle 2 zeigen,
sind die von MARTINSON gegebenen zeitraubenden Vorschriften, die bei
Bestimmung ganzer Analysenserien sehr hinderlich werden können,
nicht notwendig. Allerdings habe ich nicht die in der Originalvorschrift
vorgeschriebenen 2 ccm Kaliumferricyanid vorgelegt, sondern 5 ccm von
der oben erwähnten n/500-Lösung. Dies mag ein Grund für meine von
MARTINSON abweichenden Ergebnisse sein. Eine Veranlassung, dies zu
prüfen und vergleichende Bestimmungen mit 2 ccm auszuführen, lag für
mich nicht vor, da die gefundenen Werte den Anforderungen genügten.
Ich habe die Kaliumferricyanidlösung in den in der Tabelle angegebenen
Zeiten abtropfen lassen und dann die Pipette ausgeblasen. Nach einer
halben Minute haben wir noch einen Verlust von 2,7 bzw. 2,3%, während
wir schon nach einer Minute nur die innerhalb der Fehlergrenze liegende
Differenz haben.

Die Methode HAGEDORN-JENSEN schreibt vor, daß die Kochkolben auf 14 ccm Flüssigkeit aufzufüllen sind. Ein strenges Einhalten dieser Vorschrift halte ich nicht für erforderlich. Unterschiede von etwa 1 ccm sind noch ohne Einfluß; größere Differenzen sind jedoch zu vermeiden. Ich halte dies deshalb für erwähnenswert, da mitunter eine größere Flüssigkeitsmenge für die Bestimmung am geeignetsten ist.

Nach dem Kochen wurden die Kolben zwecks schneller Abkühlung sofort mit dem Gestell in kaltes Wasser gebracht. Die Abkühlung muß mindestens bis zur Zimmertemperatur erfolgen, anderenfalls können beträchtliche Fehler auftreten.

Die Einstellung der Natriumthiosulfatlösung geschah nach TREAD-WELL (111) in der Weise, daß 1 ccm einer frisch bereiteten Jodkalilösung (1 + 1) mit 5 ccm Kaliumjodatlösung sowie mit etwa 50 ccm Wasser vermischt wurden. Nach Zusatz von 2 ccm einer etwa 7,5%igen Salzsäure wurde titriert. Gegen Ende der Titration wurden 4 Tropfen der 1%igen Stärkelösung zugegeben. Bei einem Zusatz von 4 statt 2 Tropfen ist der Umschlag besser zu erkennen.

Die zur Titration verwendete Bürette soll einen möglichst spitz ausgezogenen Ablaufhahn besitzen, um bequem noch etwa 0,02 ccm Flüssigkeit abmessen zu können. Etwa an die Bürette angelegte Gummiverbindungen müssen zuvor eine $^1/_4$ Stunde in destilliertem Wasser ausgekocht werden; frischer Gummi ist häufig die Ursache von Fehlern.

Die nach der Säurehydrolyse zu untersuchende Lösung muß, um bestimmt werden zu können, neutralisiert werden. Es geschah dies in folgender Weise: Die in den Kochkolben abpipettierte Flüssigkeit wurde mit ganz kleinen Stückchen blauen und roten Lackmuspapiers versetzt und dann mit 10%iger Natronlauge unter Umschütteln neutralisiert. Es ist ratsam, die Tropfen nicht direkt auf das Lackmuspapier fallen zu lassen, da der Umschlag sonst schwer zu erkennen ist. Gegen Ende der Reaktion wurde mit etwa 0,5%iger NaOH genau neutralisiert. Gegebenenfalls wurde mit 1%iger Salzsäure auf neutral zurücktitriert. Die Anwesenheit des Lackmuspapiers ist ohne jeden Einfluß auf die Ergebnisse, jedoch ändert schon die Gegenwart von nur 1 Tropfen der an sich für eine derartige Neutralisation praktischeren Lackmustinktur die Ergebnisse (Tabelle 3).

Tabelle 3.

Nr.	Angewandte Glukosemenge mg	Ohne Lackmus		Mit Lackmuspapier		Mit Lackmustinktur	
		1. mg	2. mg	1. mg	2. mg	1. mg	2. mg
1.	0,100	0,100	0,099	0,101	0,099	0,103	0,102
2.	0,200	0,201	0,201	0,200	0,201	0,204	0,201

Die Prüfung der Frage, ob überhaupt eine genaue Neutralisation notwendig ist, bzw. wie die Methode in neutraler, alkalischer und saurer Lösung reagiert, wurde durch Versuche vorgenommen, die in den Tabellen 4—7 wiedergegeben sind. Eine bestimmte Menge Glukoselösung wurde entweder mit Salzsäure, Schwefelsäure oder Natronlauge versetzt und titriert. Weitere Mengen wurden nach dem HCl- oder H_2SO_4-Zusatz mit NaOH neutralisiert und bestimmt. Die Gesamtflüssigkeit betrug wie vorgeschrieben 14 ccm. Da die alkalische Lösung von geringerem Einfluß ist, so kann bei der Neutralisation eine geringe Alkalinität vernachlässigt werden.

Tabelle 4.

Nr.	Angewandte Glukosemenge mg	1 gtt. 38% HCl		2 gtts. 38% HCl	
		1. mg	2. mg	1. mg	2. mg
1.	0,100	0,098	0,097	0,095	0,095
2.	0,200	0,196	0,195	0,189	0,191

Tabelle 5.

Nr.	Angewandte Glukosemenge mg	1 gtt. 95% H_2SO_4		2 gtts. 95% H_2SO_4	
		1. mg	2. mg	1. mg	2. mg
1.	0,100	0,097	0,097	0,095	0,093
2.	0,200	0,190	0,192	0,187	0,189

Tabelle 6.

Nr.	Angewandte Glukosemenge mg	1 gtt. 10% NaOH		2 gtts. 10% NaOH		4 gtts. 10% NaOH		10 gtts. 10% NaOH	
		1. mg	2. mg	1. mg	2. mg	1. mg	2. mg	1. mg	2. mg
1.	0,100	0,099	0,100	0,100	0,100	0,098	0,099	0,096	0,094
2.	0,200	0,200	0,200	0,201	0,201	0,197	0,195	0,189	0,189

Tabelle 7.

Nr.	Angewandte Glukosemenge mg	5 ccm 2,5% HCl + NaOH		5 ccm 2% H_2SO_4 + NaOH	
		1. mg	2. mg	1. mg	2. mg
1.	0,100	0,100	0,100	0,101	0,100
2.	0,200	0,199	0,200	0,200	0,199

Die Glukosebestimmung.

Die Zuverlässigkeit der HAGEDORN-JENSENschen Methode für die quantitative Bestimmung reiner Glukose zeigen bei genauester Beachtung der gegebenen Vorschriften die Tabellen 1 und 2. Ebenso exakte Werte werden erhalten bei der Bestimmung in Gemischen mit anderen reinen Kohlehydraten, wobei die Eigenreduktion des betreffenden Zuckers zu berücksichtigen ist (Tabelle 8).

Tabelle 8.

Nr.	Substanz	Gewicht mg	Eig. Red. %	Gefunden 1. mg	2. mg
1.	Glukose	0,1	100	0,099	0,100
	Saccharose	0,2	0		
2.	Glukose	0,05	100	0,118	0,119
	Maltose	0,1	70		

Versuche zur Bestimmung der Glukose an Pflanzenmateıial wurden in folgender Weise vorgenommen: Je 2 Portionen Blattpulver (*Helianthus* und *Nicotiana*) wurden auf die übliche Weise extrahiert (vgl. S. 629) und der einen Portion eine bestimmte Glukosemenge zugesetzt. Die Differenz zwischen der Reduktion des einen und der des anderen Untersuchungsmaterials ergab die zugesetzte Glukosemenge (Tabelle 9).

Tabelle 9.

Nr.	Substanz	Gewicht g	Glukose-zusatz mg	Gefunden 1. mg	2. mg
1.	*Helianth. ann.*	0,5	—	12,2	11,9
	,, ,,	0,5	3,0	15,1	15,2
2.	,, ,,	1,0	—	25,1	25,4
	,, ,,	1,0	10,0	34,8	35,0
3.	*Nicot. tab.*	0,5	—	9,4	9,7
	,, ,,	0,5	5,0	14,1	14,3

Man hat nun die für die Bestimmung störende Wirkung reduzierender Nichtzucker durch Verwendung anderer, den pflanzlichen Zuckern zukommenden Eigenschaften zu beseitigen versucht. Einen derartigen Versuch stellt auch die polarimetrische und die Phenylosazonmethode dar.

f) Die Polarisation.

Auf der von BIOT (65) zuerst erkannten Eigenschaft vieler Kohlehydrate, die Schwingungsebene des polarisierten Lichtes in für jeden polarisierbaren Zucker verschiedenem Ausmaß nach rechts oder links zu drehen, beruht die Polarisationsmethode, mit der sowohl Mono- als auch Disaccharide, ja sogar Stärke bestimmt werden können.

Liegt eine Lösung von Zuckergemischen vor, so ist die Methode für sich allein nicht brauchbar, sie kann dann nur in Kombination mit einer anderen, und zwar meistens mit einer Reduktionsmethode angewandt werden. Zur Mikrobestimmung dürfte die Polarimetrie selbst bei An-

wendung des bei Rona (85) beschriebenen vorzüglichen Lippichschen drei-
teiligen Polarisators nicht geeignet sein. Müssen wir doch hierbei relativ
große Mengen (von 1 mg an) verwenden, während verschiedene Reduktionsmethoden noch eine exakte Bestimmung von etwa 0,010 mg gestatten.

Die Bestimmung der Kohlehydrate im Pflanzenextrakt mittels der
Polarisation bereitet durch eine nur geringe Trübung oder Färbung, die
durch Zusatz von Alkali zwecks schneller Beseitigung der gewöhnlich erst
nach 24 Stunden aufgehobenen Mutarotation (von Schulze und Tollens
[110] empfohlen) häufig noch vergrößert wird, große Schwierigkeiten.
Neben den Kohlehydraten enthält die Pflanze eine Anzahl optisch aktiver
Stoffe in manchmal beträchtlicher Menge (Aminosäuren usw.), so daß die
Polarisation keine auf Kohlehydrate spezifizierte Methode darstellt. Umständliche Reinigungsverfahren, wie sie an Pflanzenextrakten unum-
gänglich wären, würden die Methode zu sehr belasten und die notwen-
digen Serienuntersuchungen außerordentlich erschweren.

Alle diese Einwände zeigen, daß die Polarisation gegenüber der Reduktionsmethode weder erhöhte Sicherheit noch besondere Vorteile
bietet. Sie ist daher für stoffwechselphysiologische Untersuchungen in
verhältnismäßig seltenen Fällen angewandt worden. Lundsgaard und
seine Mitarbeiter (67) z. B. haben sich in einer Reihe von Untersuchungen
über den Kohlehydratstoffwechsel der Polarisation in Verbindung mit
einer neueren Reduktionsmethode bedient. Da ihre Methodik einer star-
ken Kritik unterzogen wurde (67), entschlossen sie sich zu einer Nach-
prüfung und stellten dabei teilweise recht beträchtliche Differenzen fest,
so daß sie die in ihren früheren Arbeiten gefundenen Werte selbst nicht
mehr als sicher ansahen.

g) Die Phenylosazonmethode.

Glukose bildet mit Phenylhydrazin Phenyl-Glukosazon, dessen gelbe
Kristallnadeln zuerst von Maquenne (69) gravimetrisch bestimmt worden sind. Aus der gebildeten Glukosazonmenge kann dann der Glukosewert errechnet werden.

Knecht-Hibbert (60) haben festgestellt, daß Phenylosazon in Gegenwart von Natriumtartrat von Titanchlorid reduziert wird. Gibt man
Titanchlorid im Überschuß zu und titriert die nichtoxydierte Menge mit
Kristallscharlach zurück, so läßt sich aus der titrierten Phenylosazon-
menge die anwesende Glukose errechnen. Die Autoren haben die Methode unter verschiedenen Versuchsbedingungen geprüft und einen Analysengang angegeben, nach welchem das Osazon vollkommen quantitativ
bestimmt werden kann. Da Glukosazon in der zu seiner Bildung verwandten Phenylhydrazin-Acetatlösung in geringer Menge löslich sein soll,
so ziehen Knecht-Hibbert ihre titrimetrische Methode der ursprünglichen gravimetrischen vor.

Die Osazone stellen zwar die für Zucker spezifischen Reaktionsprodukte dar, jedoch besitzen sie eine, wenn auch geringe Löslichkeit, die sie zur Mikrobestimmung ungeeignet machen, und außerdem sollen nach TOLLENS (110) in Zuckergemischen die Resultate nur sehr annähernd sein.

Aus dem Dargelegten ergibt sich, daß keine Methode, die zur quantitativen Erfassung *kleiner* Zuckermengen geeignet ist, die sichere Gewähr für eine ausschließliche Reaktion mit Zuckern gibt. Das gilt sowohl für die Reduktionsmethoden als auch für die Polarisation und für die Osazone.

Für pflanzenphysiologischen Untersuchungen wird man im allgemeinen die Reduktionsmethoden wegen der geringen Quantität des zur Bestimmung erforderlichen Zuckers der Polarisationsmethode vorziehen. Die HAGEDORN-JENSEN-Methode ist sowohl was Einfachheit als auch Zuverlässigkeit anbetrifft ein ausgezeichnetes Instrument zur Erfassung des Kohlehydratstoffwechsels der Pflanze, sofern es gelingt, störende Nichtzucker zu entfernen. Das ist auf zwei Wegen zu erreichen: 1. Durch chemische Isolierung. 2. Durch biologische Trennung. Daher legte ich den Hauptwert der ganzen Untersuchungen darauf, die Zuverlässigkeit der Methode in dieser Richtung zu steigern, da schon einleitende Versuche die katastrophalen Fehlerausmaße von Zuckerbestimmungen aus Pflanzensäften, die auf die übliche Art gereinigt worden waren, erwiesen. Bezüglich der Art der Reinigung wird auf den ausführlichen methodischen Teil (S. 632) verwiesen, und es sollen hier nur einige Bemerkungen über die Möglichkeit einer biologischen Bestimmung der physiologisch wichtigen Zucker angegeben werden.

h) Die Vergärung.

Die Fähigkeit verschiedener Zucker, mit Hefe zu Alkohol und Kohlendioxyd zu vergären, wurde zuerst von JODLBAUER (53) zur quantitativen Zuckerbestimmung herangezogen. Die ausgeschiedene CO_2-Menge wird in besonderen Apparaten aufgefangen, gewogen oder gemessen, und aus dem gefundenen Resultat der Zucker errechnet.

HÖRMANN und KÖNIG (50, 61) haben auf Grund der bestehenden Unterschiede in der Gärfähigkeit mehrerer Hefesorten für verschiedene Zucker Untersuchungen darüber angestellt, ob sich diese Hefen zur quantitativen Bestimmung der Zuckerarten *nach*einander verwenden lassen. Sie finden, daß mit Hilfe der von ihnen empfohlenen Heferassen wichtige Zucker, wie z. B. Glukose, Fructose, Saccharose und Maltose voneinander getrennt und bestimmt werden können.

Dieser Methode stehen folgende Bedenken entgegen: Es dürfen zur Gärung nur hochgezüchtete Kulturhefen mit so gut wie völlig erloschener Atmung zur Anwendung kommen, so daß das ausgeschiedene Kohlendioxyd zum vergorenen Zucker unter die Beziehung der Gärgleichung fällt. Die Beschaffung dieser Hefen dürfte nicht immer leicht sein. — Nicht gärfähige Zucker entgehen der Bestimmung. Dieser Einwand dürfte weniger bedenklich sein, da nicht gärfähige Zucker in der höheren Pflanze gegenüber den gärfähigen im allgemeinen zurücktreten. Immerhin gibt es Ausnahmen, wie z. B. die Pentosen bei den Kakteen. — Eine scharfe fraktionierte mikroanalytische Trennung durch auf bestimmte Zucker adaptierte Heferassen dürfte kaum möglich sein. — Die teilweise lange Versuchsdauer der Analyse (5—6 Tage nach KÖNIG) macht ein steriles Arbeiten notwendig.

Auf Grund dieser Bedenken wurde von der weiteren Verfolgung dieser Methode Abstand genommen. Dagegen schien mir schon die Möglichkeit der Trennung der vergärbaren Zucker von anderen reduzierenden Substanzen ein äußerst wertvolles Mittel zur Sicherung der erhaltenen Analysenwerte, was jedoch an anderer Stelle besprochen werden soll (S. 637).

Die HAGEDORN-JENSENsche Blutzuckermethode ist zunächst nur für die Bestimmung von *Glukose* als zuverlässig erkannt worden. Den im Pflanzenorganismus vorkommenden anderen Zuckern kommt jedoch eine eventuelle physiologische Bedeutung zu, so daß eine getrennte Bestimmungsmöglichkeit außerordentlich erwünscht erscheint. So spielt z. B. die Verschiebung des Verhältnisses der verschiedenen Zucker während der Entwicklung der Pflanze, besonders beim Reifen von Samen und Früchten oder auch beim Altern der Laubblätter (SMIRNOW 98), eine so große Rolle, daß dieses Verhältnis als ein Indikator für den jeweiligen physiologischen Zustand der Pflanze gelten kann.

Ich habe daher bei meinen Untersuchungen von der Bestimmung der seltenen und nur in geringer Menge vorkommenden Kohlehydrate abgesehen und mich auf die wichtigsten in der Pflanze auftretenden Zucker beschränkt, nämlich auf die beiden Monosen Glukose und Fructose, auf die Biosen Saccharose und Maltose und auf das Polysaccharid Stärke; außerdem werden noch die Pentosen, die schon wegen ihrer Nichtgärbarkeit eine Sonderstellung einnehmen, behandelt.

II. Fructose-Bestimmungsmethoden.

Die Lävulose oder Fructose, die leicht durch Umlagerung aus der Glukose entsteht, ist wohl ebenso häufig in der Pflanze verbreitet wie der Traubenzucker, besonders als Hydrolysenprodukt der weit verbreiteten Saccharose oder als Komponente der Raffinose, Stachyose, Melizitose und der Gentianose. Viele Früchte und Samen (Tomate, Johannisbrot, Banane), aber auch Wurzeln, Sproßorgane und Blätter (*Betula, Viburnum*) sind nicht selten reich an Fructose; ebenso geht die quantitative Bestimmung des Inulins auf Fructose zurück. Faßt man ferner die physiologische Bedeutung der Fructose bei der Hydrolyse, bei der Oxydation (Säurebildung), sowie die vermehrte CO_2-Abgabe im Vergleich zu der gleichen Menge Glukose ins Auge (JOHANNSON, 54), so erscheint eine exakte quantitative Erfassung dringend erwünscht. Da jedoch dieser Zucker nie allein im Pflanzenmaterial vorkommt, muß entweder eine für ihn spezifische Reaktion zu seiner Bestimmung gefunden oder die Wirksamkeit der in gleicher Weise reagierenden Zucker und Nichtzucker vernichtet werden. Es sollen im Folgenden einige wichtige Fructosebestimmungsmethoden auf ihre Brauchbarkeit hin untersucht werden.

a) Die Polarisation und die Reduktionsmethode.

Die Eigenschaft der Fructose, die Ebene des polarisierten Lichtes nach links zu drehen, wurde in Verbindung mit der Kupferreduktionsmethode — denn auch Fructose übt auf Metallsalze infolge ihres Besitzes einer Carbonylgruppe eine Reduktion aus — zuerst von NEUBAUER (76) zu ihrer quantitativen Bestimmung herangezogen.

Die Anwendung der Polarisation ist nicht zu empfehlen, da 1. die Temperatur von starkem Einfluß auf das Drehungsvermögen der Fructose ist, 2. die spezifische Drehung je nach der Konzentration schwankend ist, und 3. die Polarisation zur Mikrobestimmung, wie schon erwähnt (S. 589), nicht ausreichend ist.

Die Einwände gegen die Kupferreduktionsmethoden sind im Abschnitt „Glukose-Bestimmungsmethoden" (S. 576) erörtert worden. Die Methode wird durch die HAGEDORN-JENSENsche ersetzt, die bis jetzt noch nicht auf Fructose geprüft, aber auch hier vom Verfasser mit gutem Erfolg angewandt wurde.

Die Trennung.

Beide Methoden, sowohl die Polarisation als auch die Reduktion, erfordern eine Trennung von den übrigen Zuckern (Glukose), da sie keine für Fructose spezifische Reaktion darstellen. Eine Möglichkeit hierzu ist durch SIEBENS Befund (97, 110) über die Zerstörbarkeit der Fructose durch Salzsäure bei gleichzeitiger Resistenz der Glukose gegeben.

Man hat aber auch schon früher mit Hilfe der Polarisation und Kupferreduktion Glukose und Fructose voneinander getrennt, indem man aus der durch die Reduktion ermittelten Totalzuckermenge und aus dem durch die Fructose bedingten verminderten Drehungsvermögen die beiden Komponenten errechnete.

SIEBEN hat in Gemischen von Glukose und Fructose nach der Bestimmung der Gesamtreduktion mittels FEHLINGscher Lösung die Fructose mit Salzsäure zerstört und nach der Neutralisation mit Natronlauge abermals den Reduktionswert, der die Glukose angibt, ermittelt. Aus der Differenz beider Reduktionsbestimmungen ergibt sich die Fructose.

Es galt nun vor allem die *Säurekonzentration* und *Erhitzungsdauer* zu

finden, bei denen die Fructose zwar vollkommen zerstört, aber nicht die
Glukose angegriffen wird. Ein Gemisch von Fructose und Glukose im
Verhältnis 1 : 1, das 2 bzw. 3 Stunden mit 10%iger Salzsäure im Wasserbad erhitzt wurde, wobei die Verwendung von Meßkolben zu empfehlen
ist, um die verdampfte Wassermenge wieder bequem ersetzen zu können,
ergab nach vorhergehender Neutralisation[1] einen Verlust bei der Reduktionsbestimmung von 61 bzw. 62%. Nimmt man dabei die Fructose zu
100% zerstört an, so wären schon 22 bzw. 23% Glukose mit angegriffen.
Der Verlust innerhalb einer Stunde war nicht bedeutend. Nach diesen
Vorversuchen verringerte ich vor allem den Prozentgehalt der Salzsäure,
um die Zeitspanne, in der gerade 100% Fructose zerstört werden, nicht
zu sehr zu verkürzen. Nach 3stündigem Erhitzen mit 5%iger Salzsäure
wurde der dem Glukosewert entsprechende Reduktionswert gefunden,
wobei zunächst noch die Frage offenblieb, ob dieser Reduktionswert auch
auf eine restlose Zerstörung der Fructose und auf einen unveränderten
Gehalt an Glukose zu schließen berechtigt. Eine Veränderung des
Mengenverhältnisses Glukose : Fructose müßte darüber Aufschluß geben,
und zwar müßte die Analyse bei steigenden Fructosewerten zunehmende
Überwerte für Glukose ergeben, falls die Fructose durch die Salzsäure-
einwirkung unvollkommen zerstört wird. Tabelle 10 stellt die analytisch
gefundenen Werte von Glukose : Fructose den *tatsächlichen* Verhältnis-
werten gegenüber, und zwar im Bereich Glukose : Fructose 0,11—9,0.

Tabelle 10.

Nr.	Tatsächliches Verhältnis					Gefundenes Verhältnis
1.	1	Fructose	9	Glucose	= 0,11	0,13
2.	2	,,	8	,,	= 0,25	0,26
3.	3	,,	7	..	= 0,43	0,44
4.	4	..	6	..	= 0,66	0,67
5.	5	,,	5	,,	= 1,0	1,0
6.	6	,,	4	,,	= 1,5	1,4
7.	7	,,	3	,,	= 2,3	2,0
8.	8	,,	2	,,	= 4,0	2,95
9.	9	,,	1	,,	= 9,0	5,3

Die Beziehungen der gefundenen zu den tatsächlichen Verhältnis-
werten von Glukose : Fructose lassen sich graphisch darstellen und aus
der Kurve sind die Zwischenwerte ohne weiteres zu entnehmen; es wurden in Abb. 1 und 2 auf der Ordinaten- die gefundenen, auf der Abscissen-
achse die tatsächlichen Verhältniswerte Glukose : Fructose abgetragen.

---

[1] Die Neutralisation wird in der Weise vorgenommen, daß man die genau
bekannte Salzsäurelösung zuerst im Blindwert titrimetrisch mit NaOH neutralisiert und dann die so ermittelte NaOH-Menge den Originalanalysen zusetzt.

Die Verbindung der einzelnen Kurvenpunkte ergibt eine Gerade, die die
Ordinatenachse im Punkte 0,03 schneidet, das will sagen, daß bei fehlen-
der Fructose die Salzsäure etwa 3% der Glukose zerstört. Tatsächlich
wurde in einem entsprechenden Versuch ein Glukoseabmangel von 5%
gefunden. Die Differenz von 2% zwischen theoretisch aus der Kurve
zu folgerndem Werte und dem gefundenen Analysenwerte dürfte innerhalb der durch die kleinen Glukose-
mengen gezogenen Fehlergrenze liegen.
Beim Mischungsverhältnis von Glukose : Fructose = 1 : 1 kommen die
analytisch erfaßten und die tatsächlichen Mischungswerte zur Deckung,
woraus zu folgern wäre, daß in diesem
Falle die zerstörte Glukose durch den
Rest unzerstörter Fructose ausgeglichen
wird. Steigt das Verhältnis über 1, so
ergeben sich mit steigendem Fructose-
anteil zunehmende Glukoseüberwerte.
Abb. 2 gibt diese Verhältnisse graphisch

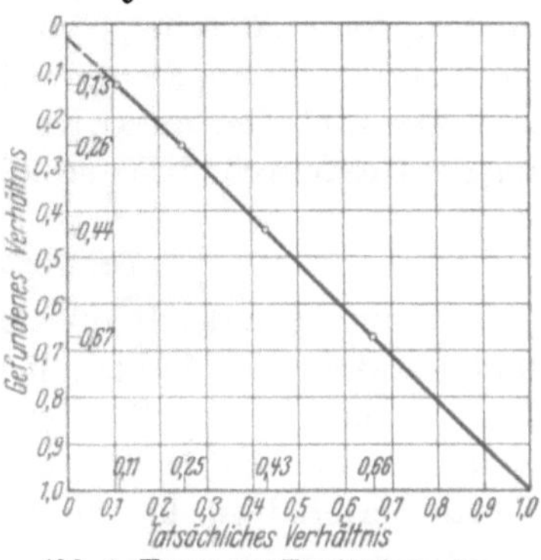

Abb. 1. Kurve zur Ermittelung der
Verhältniswerte Glukose : Fructose.

wieder. Die Kurve weicht nicht allzusehr von der Geraden ab, so daß auch
hier zwischen den analytisch festgelegten Kurvenpunkten ohne allzu-
große Fehler interpoliert werden kann. Damit kennen wir aus der Ge-

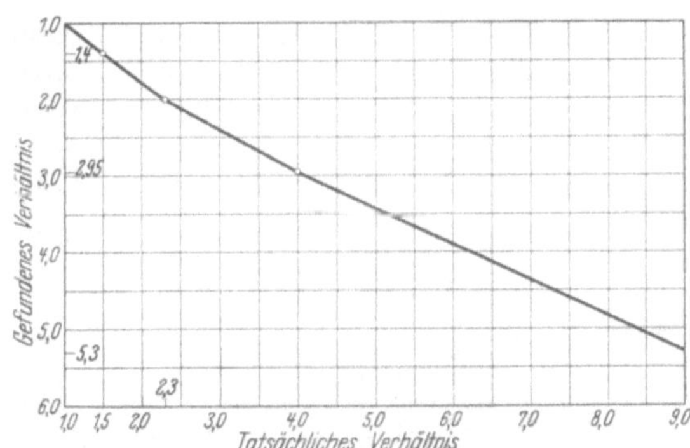

Abb. 2. Kurve zur Ermittelung der Verhältniswerte Glukose : Fructose.

samtreduktion die Summe der Fructose und Glukose, die Restreduktion
nach der Salzsäurezerstörung gibt das Verhältnis der Summanden an,
und daraus lassen sich diese errechnen.

Bei Anwesenheit anderer Zucker ist folgendes zu beachten: Saccharose
und Maltose sind vor Anwendung der SIEBENschen Methode zu hydrolysieren, wobei bei der späteren Berechnung die Spaltung der Saccharose in
je 1 Molekül Glukose und Fructose zu berücksichtigen ist, da letztere
Fructose ja ebenfalls zerstört wird. — Pentosen änderten in Gegenwart

von Fructose, wie die der SIEBENschen Glukose/Fructose-Trennung analogen Versuche zeigten, bei der für die Zerstörung in Frage kommenden Konzentration und Temperatur kaum merklich ihr Reduktionsvermögen, beeinflussen also nicht den Gang der Analyse.

Da bisher für die Versuche eine 0,02%ige Konzentration angewandt wurde, war noch zu untersuchen, ob eine eventuelle Konzentrationsänderung die Analysenergebnisse ändern würde. Es lieferte aber sowohl eine 0,01%ige als auch eine 0,04%ige Konzentration die gleichen Ergebnisse. Das Einhalten dieser Konzentrationsgrenzen ist durch die Ermittelung der Gesamtreduktion ermöglicht.

Die Fructosebestimmung.

Bestimmungen der Reduktionskraft reiner Fructose nach der HAGEDORN-JENSENschen Methode lieferten der Glukose vollkommen analoge Werte, so daß dieselbe Methode direkt für die Fructosebestimmung verwandt werden konnte. In Gemischen mit anderen Zuckern und im Pflanzenmaterial wurden durchaus günstige Resultate erzielt (Tabelle 11 und 12).

Tabelle 11.

Nr.	Substanz	Gewicht	Gefunden	
		mg	1. mg	2. mg
1.	Fructose	0,05	0,049	0,05
2.	,, ...	0,10	0,100	0,101
3.	,, ...	0,20	0,196	0,199
4.	,, ...	0,25	0,249	0,249
5.	,, ...	0,30	0,298	0,294
6.	,, ...	0,04		
	Glucose	0,04	0,081	0,080
7.	Fructose	0,16		
	Saccharose	0,08	0,157	0,159

Tabelle 12.

Nr.	Substanz	Gewicht g	Fructose-zusatz mg	Gefunden	
				1. mg	2. mg
1.	Helianth. ann.	0,5	—	11,9	12,0
	,, ,, ...	0,5	5,0	17,3	17,4
2.	Nicot. tabac.	0,5	—	8,9	8,7
	,, ,, ...	0,5	5,0	13,8	14,0

Bei der Übertragung der SIEBENschen Trennungsmethode auf Pflanzenextrakt wurde ein Material gewählt, das weder Fructose noch Saccharose enthielt. Nach vollkommener Hydrolyse und Reduktionsbestimmung wurde eine bekannte Fructosemenge zugesetzt und die Säurezerstörung vorgenommen. Die Befunde zeigt Tabelle 13 an.

Tabelle 13.

Nr.	Material	Gewicht g	Reduktion nach Total-Hydrolyse mg	Fructose- zusatz mg	Gefunden nach der HCl-Zer- störung mg
1.	*Acer negundo* . . .	0,5	7,3	1,0	7,0
2.	„ „	0,5	7,1	2,0	7,2
3.	„ „	0,5	7,3	3,0	6,8
4.	„ „	0,5	7,4	4,0	7,6

b) Die Kalkfällung, die Phenylhydrazin- und die Salzsäure-Resorcin-Methoden.

Eine andere Bestimmungsmöglichkeit liegt in der Ausfällung der Fructose als schwerlösliche Kalk-Fructoseverbindung oder als Methyl-Phenyl-Fructosazon, wie es von NEUBERG (110) empfohlen wird. Beide Methoden sind wegen der, wenn auch nur geringen Löslichkeit der Fructosesalze zur Mikrobestimmung nicht geeignet.

Die von SELIWANOW (110 und 77) für Ketosen angegebene Rotfärbung beim Erwärmen mit Resorcin oder Naphthoresorcin und Salzsäure kann zur kolorimetrischen Bestimmung der Fructose herangezogen werden. Indessen zeigen Aldosen, wenn auch in geringer Intensität, die gleiche Reaktion, so daß diese Methode zur Verwendung für eine Mikrobestimmung ebenfalls ungeeignet erscheint.

c) Die Diphenylamin-Methode.

In neuester Zeit hat RADT (83) eine kolorimetrische Bestimmung geringer Fructosemengen im Blute veröffentlicht. Die Methode gründet sich darauf, daß Fructose mit Salzsäure und Diphenylamin gekocht einen Farbstoff bildet, der sich beim Schütteln mit Amylalkohol blau färbt. Bei längerem Stehen nimmt die Farbe an Intensität zu, ein Fehler, der durch Anwendung der genau gleichzeitig angesetzten Vergleichslösung, deren Farbe ja auch intensiver wird, beseitigt wird. Nach Angaben des Autors lassen sich noch Werte von $^1/_2$—$^1/_3$ mg% genau ablesen. Im allgemeinen werden Röhrchen von 1—10 mg% Inhalt verglichen. Andere Zucker sollen diese Farbe nicht geben.

Da mir diese in der Handhabung einfache Methode zur Mikrofructosebestimmung geeignet erschien, nahm ich orientierende Versuche vor, verwandte dabei reinste Fructose „Schering" und hielt mich genau an die RADTsche Vorschrift. Beim Vergleich zweier Standard-Fructoselösungen erhielt ich die in Tabelle 14 wiedergegebenen Werte. Die Tabelle zeigt, daß man bei 2 mg% Fructose gute Ergebnisse erzielt, während bei 0,2 mg% starke Schwankungen auftreten; die Methode ist also für Mengen unter

Tabelle 14.

Nr.	2 mg% Fructose in %	0.2 mg% Fructose in %
1.	2,02 = 101	0,218 = 109
2.	2,00 = 100	0,196 = 98
3.	1,96 = 98	0,215 = 107,5
4.	2,00 = 100	0,209 = 104,5
5.	1,97 = 98,5	—

1 mg leider nicht brauchbar. Vor allem aber veranlaßte mich der penetrante Geruch des Amylalkohols, der eine häufigere Anwendung der Methode unmöglich macht, dieselbe aufzugeben.

d) Die Jod- und Brom-Oxydationsmethoden.

Wie schon auf S. 580 erwähnt wurde, gestattet die von CAJORI ausgearbeitete Jodoxydationsmethode in Verbindung mit einer anderen Methode die Trennung und Bestimmung der Fructose.

HINTON u. MACARA (l. c.) führen sogenannte Jodwerte ein. Es ist diejenige Jodmenge, welche von 1 g des betreffenden Zuckers reduziert wird. Da die Autoren bei Fructose und Saccharose ebenfalls eine geringe Oxydation feststellen, ist die Methode auch für diese Zucker, wenn sie allein zu bestimmen sind, ohne Kombination mit einer anderen Methode anwendbar.

EVANS (30) hat sich in seinen Untersuchungen über das Glukose-Fructoseverhältnis im Apfel dieser von ihm modifizierten Methode bedient. Nach CAJORI soll die vollständige Oxydation von 0,08 g oxydierbarem Zucker innerhalb von 10 Minuten bei 17,5° stattgefunden haben. EVANS dagegen hält eine Oxydationszeit und -temperatur von 45 Minuten bei 5° für vorteilhafter. Ich habe versucht, diese Methode als Mikromethode umzuarbeiten. Orientierende Versuche von EVANS und mit den von HINTON und MACARA angegebenen Jodwerten lieferten für Glukose gute Ergebnisse: Bei Mengen von 16—80 mg traten Fehler von höchstens 1% auf. Bei Saccharose war die Fehlergrenze bis zu 4,5%. Fructose dagegen zeigte ganz beträchtliche Differenzen.

Trotz dieses wenig ermutigenden Ergebnisses nahm ich mikromethodische Versuche vor. Jod-, Natriumthiosulfat- und Natriumhydroxydlösung wurden in der Konzentration n/200, Schwefelsäurelösung in der Konzentration n/50 hergestellt. Ich bestimmte Fructose und variierte Zeit, Temperatur, Substanz- und Flüssigkeitsmenge, erhielt aber derart schwankende Resultate, daß ich die Methode aufgab. Mengen von 0,05 bis 0,5 mg lassen sich überhaupt nicht bestimmen. Bei Mengen über 0,5 mg traten bestimmte Gesetzmäßigkeiten in den Differenzen auf, die bei eingehenden Versuchen vielleicht zu einem brauchbaren Ergebnis führen könnten. Ich möchte jedoch nicht verfehlen, auf die Schwierigkeit einer exakten Titration so geringer Jodmengen bei den verschiedenen Temperaturunterschieden hinzuweisen. Da die Methode zur Bestimmung von Mengen unter 0,5 mg nicht brauchbar ist, kamen derartige Versuche für mich nicht in Frage.

BELVAL (4) hat bei seinen Bestimmungen neben der Jodoxydation auch die Bromoxydation angewandt. Doch hat diese der Jodoxydationsmethode ganz ähnliche Bestimmungsart nach BELVALS eigenen Angaben den Nachteil der langen Dauer.

III. Saccharose-Bestimmungsmethoden.

Die Bestimmung der Saccharose geschieht in reinen Lösungen makromethodisch mittels der Polarisation, des Saccharometers, durch Kristallisation aus Alkohol, durch Fällen mit Strontiumhydroxyd (110), oder schließlich durch Vergären (50, 53, 62). Diese Methoden sind zur Mikrobestimmung im Pflanzenmaterial aus bekannten Gründen nicht geeignet.

Nach der Eignung der HAGEDORN-JENSENschen Methode für die Glukose- und Fructosebestimmung lag keine Schwierigkeit mehr für die Analyse der Saccharose vor, da Saccharose einerseits selbst keine reduzierenden Eigenschaften mehr hat und andererseits ohne Schwierigkeit in Glukose und Fructose zerlegt werden kann[1]. Daraus ergibt sich auch bereits ein methodischer Hinweis für ihre Trennung, die in einer Bestimmung der Reduktionsänderung nach vollkommener Hydrolyse unter Bedingungen, die die Reduktionsfähigkeit anderer Körper nicht ändern, zu suchen sein wird.

Die auf S. 591 erwähnten Unterschiede in der Gärfähigkeit mehrerer Hefesorten für verschiedene Zucker wäre eine Möglichkeit zur Trennung (KÖNIG u. HÖRMANN, l. c.). Gewöhnlich bedient man sich aber der Hydrolyse oder Inversion, die durch Erhitzen mit Säuren oder durch Einwirkung von Fermenten bewirkt wird. Vor und nach der Hydrolyse wird mit einer der bekannten Glukosebestimmungsmethoden der Zuckerwert ermittelt und aus der Differenz die Saccharose errechnet, die im allgemeinen zu 100% wiedergefunden wird.

Über die *Säurehydrolyse* der Saccharose sind in der chemischen und botanischen Literatur die mannigfaltigsten Angaben zu finden. Die Art der Säure und ihre Konzentration, die Temperatur und die Dauer der Hydrolyse sind sehr verschieden. Am häufigsten werden Salzsäure und Schwefelsäure in Konzentrationen von etwa 1—5% angewandt. KULISCH

---

[1] ÅKERMANN bestimmt in seiner Arbeit „Studien über den Kältetod und die Kälteresistenz der Pflanzen" (1) die „Reduktionsfähigkeit (Zuckergehalt) ungleich kälteresistenter Weizensorten" mit der BANGschen Methode ohne jegliche voraufgehende Hydrolyse. Er scheint vollkommen übersehen zu haben, daß er dabei die nichtreduzierende Saccharose überhaupt nicht erfaßt.

(63) empfiehlt Oxalsäure, DAVIS u. DAISH (18, 20) dagegen ziehen 10%ige Zitronensäure vor. Die Dauer der vollständigen Hydrolyse wird von 5 Min. bis zu $^1/_4$ Stunde angegeben; die Temperatur schwankt zwischen 65° und 100°.

Außer den Säuren spaltet die *Saccharase* oder Invertase ebenfalls den Rohrzucker in ein Gemisch von äquivalenten Mengen Glukose und Fructose. Die Konzentration der Saccharase ist hier von geringer Bedeutung, da erstens schon Spuren zur Hydrolyse genügen und zweitens bei einem Zuviel an Saccharase im Gegensatz zu den Säuren weder eine Zerstörung noch ein weiterer Abbau des Zuckers zu befürchten ist. Die Angaben über Dauer und Temperatur der Hydrolyse schwanken zwischen 2 und 24 Stunden bei 35°—52° (20, 39). Von Wichtigkeit ist die H·-Konzentration, deren Optimum nach SOERENSEN (99) für Saccharose bei p_H 4,4 bis 4,6 liegt.

Als *direkte* Bestimmungsmethode für Saccharose wäre schließlich noch die auf S. 580 und S. 598 erwähnte Jodoxydationsmethode zu nennen. Mit Hilfe des von HINTON u. MACARA angegebenen Jodwertes ließe sich die Saccharose ohne Hydrolyse in Zuckergemischen bestimmen. Da nach meinen oben angeführten Versuchen die Methode sich nicht als Mikromethode eignet, so blieb mir für die Saccharosebestimmung nur die Säure- oder Fermenthydrolyse mit anschließender Titration nach HAGEDORN-JENSEN übrig.

Wenn auch die angegebenen Verfahren bezüglich der Vollständigkeit der Hydrolyse voneinander abweichen, so besteht doch keine Schwierigkeit z. B. mit Salzsäure bei angemessener Temperatur die Saccharose vollkommen quantitativ zu spalten. Schwierigkeiten ergeben sich vielmehr erst bei der Bestimmung der Saccharose aus Pflanzenmaterial, da hier eine vollkommene Hydrolyse unter Bedingungen erreicht werden soll, die zum Teil ähnlich säureempfindliche andere Pflanzenstoffe (Maltose, Hemizellulosen) unverändert lassen. Der physiologisch einwandfreiere Weg wäre die Fermenthydrolyse, da bekanntlich Invertase scharf auf Saccharose spezifiziert ist und höchstens noch von einigen selten vorkommenden Triosen (Raffinose, Melizitose) Fructose abspaltet. Infolge der Eigenart des Pflanzenmaterials und infolge der Wirkung des Fermentes auf das Reaktionsgemisch ist die Anwendungsmöglichkeit der kombinierten Säure- und Fermentmethode auch bei der Bestimmung anderer Zucker (Maltose, Stärke) beschränkt.

Wie die Versuche in Tabelle 15 (a) zeigen, reduziert reine Saccharose das HAGEDORN-JENSENsche Reaktionsgemisch nur sehr wenig. Für die Säurehydrolyse hat sich die von TOLLENAAR (l. c.) angewandte Methode als die günstigste erwiesen. Saccharose wurde von 2,5%iger Salzsäure bei 70° innerhalb 5 Min. vollkommen hydrolysiert, während Maltose (siehe dort S. 603) hierbei nicht angegriffen wurde (Tabelle 15 [b]).

Tabelle 15.

Nr.	Substanz	Gewicht	a Sofort titriert		b Titriert nach HCl-Hydrolyse	
		mg	mg	%	mg	%
1.	Saccharose	0,10	0	0	0,098	98
2.	,,	0,15	0,001	0,66	0,149	99,3
3.	,,	0,20	0,003	1,5	0,196	98
4.	,,	0,25	0,002	0,8	0,251	100

Ist es notwendig, die hydrolysierte und neutralisierte[1] Flüssigkeit anschließend zu vergären, so kann die Hydrolyse wegen der giftigen Wirkung des anwesenden NaCl auf die Hefe (vgl. S. 637) nicht mit Salzsäure vorgenommen werden. Eine Hydrolyse mit 2%iger Schwefelsäure innerhalb 10 Minuten zeigt denselben Effekt wie die Salzsäure, d. h. vollkommene Inversion ohne Einfluß auf die Maltose. Durch Zusatz einer bekannten, vorher titrimetrisch ermittelten Menge $Ba(OH)_2$ wird die Schwefelsäure durch Fällung als Bariumsulfat quantitativ entfernt und der Niederschlag nach mehrstündigem Stehen durch ein gehärtetes Filter mit Hilfe der Saugpumpe abfiltriert. Bei sorgfältigem Arbeiten und gutem Nachwaschen tritt weder ein Verlust an Saccharose ein, noch wird die Vergärung gehemmt (Tabelle 16).

Tabelle 16.

Nr.	Substanz	Gewicht mg	H_2SO_4-Hydrolyse mg	Titriert nach der Vergärung mg
1.	Saccharose	0,08	0,081	0,001
2.	,,	0,10	0,007	0
3.	,,	0,15	0,143	0,002
4.	,,	0,20	0,198	0,001
5.	,,	0,25	0,249	0,004

Versuche mit Zitronensäure, die eine bei dem relativ geringen Kohlehydratgehalt beträchtliche Eigenreduktion von etwa 12% aufweist, wurden aus diesem Grunde nicht weiter durchgeführt.

Versuche mit Invertase, deren Eigenreduktion auf das HAGEDORN-JENSENsche Reaktionsgemisch 8% betrug, ergaben nach 12stündiger Behandlung bei 45⁰ unter Zusatz eines Acetatpuffers vom p_H 4,5 eine rest-

---

[1] Über die Neutralisation der sauren Flüssigkeit ist auf S. 587 gesprochen worden. Erwähnt sei hier an einem Beispiel die Umrechnung der Saccharose in Glukose:

$$C_{12}H_{22}O_{11} + H_2O = C_{12}H_{24}O_{12} = 2(C_6H_{12}O_6)$$
$$342 + 18 \qquad\qquad = 360$$

342 : 360 = angewandte Saccharosemenge : gesuchte Glukosemenge.

lose Inversion aller angewandten Saccharose. Gleiche Ansätze mit Maltose zeigten keine Inversion, sondern nur deren Eigenreduktion. Es empfiehlt sich also, neben der bequemen Säurehydrolyse, die nur kurze Zeit in Anspruch nimmt, wegen der Spaltung anderer Stoffe durch die Säure, ein Vorgang, der häufiger noch bei der länger dauernden Maltosesäurehydrolyse in Erscheinung tritt, die Inversion mit Invertase vorzunehmen. Jedoch muß nach der Invertasebehandlung von der Vergärung Abstand genommen werden, da nach Einwirkung von Hefe auf Invertase eine *hohe, sehr schwankende* Reduktion auftritt.

Analysen reiner Saccharose in Gemischen mit anderen Kohlehydraten (auch mit Fructose) lieferten die erwarteten günstigen Ergebnisse; diese Zucker wurden also nicht von der angewandten Salzsäurekonzentration innerhalb der Hydrolysenzeit angegriffen (Tabelle 17).

Tabelle 17.

Nr.	Substanz	Gewicht mg	Eigenreduktion %	Sofort titriert mg		HCl-Hydrolyse mg		H_2SO_4-Hydrolyse mg		Invertase-Behandlung mg	
				1.	2.	1.	2.	1.	2.	1.	2.
1.	Saccharose	0,1	0	0,198	0,201	0,295	0,299	0,296	0,297	0,300	0,295
	Glukose	0,2	100								
2.	Saccharose	0,1	0	0,141	0,142	0,238	0,234	0,235	0,237	0,240	0,239
	Maltose	0,2	70								
3.	Saccharose	0,1	0	0,101	0,100	0,200	0,198	0,196	0,198	0,197	0,199
	Fructose	0,1	100								

Die Brauchbarkeit der Methode für die Saccharosebestimmung im Pflanzenmaterial mögen die Analysen der Tabelle 18 dokumentieren.

Tabelle 18.

Nr.	Material	Gewicht g	Sofort titriert mg		HCl-Hydrolyse mg		H_2SO_4-Hydrolyse mg		Invertase-Behandlung mg	
			1.	2.	1.	2.	1.	2.	1.	2.
1.	*Clivia*	0,5	11,4	11,6	17,2	17,1	16,7	16,9	16,3	16,4
2.	„	0,5	12,1	11,8	17,4	17,4	17,0	16,8	16,6	16,7
3.	„	1,0	25,4	25,6	36,9	36,5	35,8	36,0	35,1	35,7

IV. Maltose-Bestimmungsmethoden.

Die Methoden zur Maltosebestimmung sind ähnlich denen der Saccharosebestimmung. In reinen Lösungen kann man die Polarisation, die Vergärung oder das Reduktionsvermögen der Maltose, das allerdings schwächer ist als das der Glukose, zur quantitativen Bestimmung heranziehen.

Wie bei der Saccharose so liegt auch hier die Hauptschwierigkeit in der Trennung aus Zuckergemischen. Die Bestimmung kann geschehen durch Ermittelung des Reduktionsvermögens mit FEHLINGscher und BARFOEDscher Lösung. Das letztere Reagens wird von Maltose im Gegensatz zu Glukose nicht reduziert. Die der Kupferreduktion anhaftenden S. 576—580 eingehend besprochenen Nachteile schließen auch hier die Verwendung dieses Verfahrens aus.

Die theoretisch gegebene Trennungsmöglichkeit mittels des HÖRMANN-KÖNIGschen Gärverfahrens (S. 591) wird durch die erwähnten praktischen Bedenken und Schwierigkeiten hinfällig.

Man wird aber auch bei der Maltose die Säure- oder Fermenthydrolyse, nach welcher durchschnittlich 95% wiedergefunden werden, bevorzugen. In diesem Falle wäre die Wirkung der Maltose auf HAGEDORN-JENSEN zu prüfen, wobei die Eigenreduktion der Maltose zu berücksichtigen ist, und nach der Hydrolyse die Steigerung der Reduktion zu bestimmen.

Für die Säurehydrolyse gilt im wesentlichen das bei der Saccharosebestimmung Gesagte, mit Ausnahme der Erhitzungsdauer: BROWN u. MORRIS (13) kochen mit $^1/_1$ N Salzsäure 3 Stunden lang auf dem Wasserbad, DAVIS u. DAISH (18, 20) hydrolysieren bei 70⁰ während 24 Stunden mit 10%iger Zitronensäure, und TOLLENAAR erhitzt bei 70⁰ 24 Stunden mit 2,5%iger Salzsäure. Infolge dieser intensiveren Behandlung ist die Gefahr der unerwünschten Veränderung anderer Pflanzenstoffe natürlich größer und daher eine weitgehende Reinigung notwendig.

Die Spaltung der Maltose in 2 Moleküle Glukose geschieht fermentativ durch die Maltase bei Einhaltung optimaler Fermentierungsbedingungen. Das p_H- und Temperaturoptimum liegt nach RONA u. MICHAELIS (86) für Maltase bei 6,2—6,8 und 38⁰—40⁰.

Die Prüfung der Maltoseeigenreduktion auf das HAGEDORN-JENSENsche Gemisch ergab einen konstanten Wert von 70% der gesamten anwesenden Maltose, ausgedrückt als Glukose, die nach der Tabelle HAGEDORN-JENSEN aus dem Reduktionswert errechnet wurde. Die Umrechnung der Maltose in Glukose erfolgt analog der auf S. 601 gegebenen Saccharoseberechnung, da ja Maltose ebenfalls ein Disaccharid ist. Diese Eigenreduktion erhöhte sich nicht nach der für Saccharose angegebenen Salzsäure-, Schwefelsäure- und Invertaseinversion. Wurde aber die Salzsäure- oder Schwefelsäurehydrolyse auf 24 Stunden ausgedehnt (nach dem Vorschlag TOLLENAARS), so wurden etwa 95% der angewandten Maltose wiedergefunden. Die Eignung der Schwefelsäurehydrolyse läßt also auch in diesem Falle eine eventuelle Bariumsulfatfällung zu (vgl. S. 601). Tabelle 19 gibt die Resultate an.

Die fermentative Spaltung der Maltose wurde mit Takadiastase vorgenommen, die wie die Säurehydrolyse etwa 95% Maltose in Glukose umsetzte. Die Versuchsanordnung mehrerer Analysenserien, von denen

Tabelle 19.

Nr.	Substanz	Gewicht	Sofort titriert	5 Min. HCl-Hydrolyse	10 Min. H_2SO_4-Hydrolyse	Invertasebehandlung	24 Std. HCl-Hydrolyse	24 Std. H_2SO_4-Hydrolyse
		mg	mg	mg	mg	mg	mg	mg
1.	Maltose	0,08	0,056	0,055	0,056	0,055	0,077	0,076
2.	„	0,10	0,070	0,071	0,071	0,069	0,095	0,095
3.	„	0,15	0,104	0,105	0,105	0,106	0,142	0,144
4.	„	0,20	0,141	0,140	0,140	0,139	0,190	0,189
5.	„	0,25	0,175	0,173	0,176	0,175	0,234	0,232

Tabelle 20 nur einige wiedergibt, war folgendermaßen: Die zu fermentierende Maltoselösung wurde mit genau gemessener Takadiastaselösung, deren Substanz etwa 10% der anwesenden Maltose entsprach, versetzt und unter Verwendung von Acetatpuffer bei p_H 5 und bei einer Temperatur von 37^0 24 Stunden nach Zusatz einiger Tropfen Toluol hydrolysiert. Nach Ablauf dieser Zeit wurde sofort bestimmt, ohne das Enzym vorher abzutöten.

Tabelle 20.

Nr.	Substanz	Gewicht	Taka-Diastase-Inversion
		mg	mg
1.	Maltose	0,10	0,094
2.	„	0,15	0,141
3.	„	0,20	0,189
4.	„	0,25	0,236

Die Taka-Diastase.

Im Anschluß an die Inversion durch Takadiastase, die auch bei der Stärkehydrolyse Verwendung finden wird, mögen hier die Untersuchungen über dieses Ferment, soweit sie im Zusammenhang mit dieser Arbeit von Interesse sind, wiedergegeben werden.

Die diastasische Wirkung des Fermentgemisches ist eingehend untersucht worden (Literaturangabe 114): Es besitzt ein stärkeres diastasisches Vermögen als gewöhnliche Diastase. Ihr Verhalten gegenüber Alkalien, Säuren und Salzen ist dadurch gekennzeichnet, daß in stärkerer Konzentration alle drei Faktoren hemmend wirken (114). NISHIKAWA (79) fand jedoch beim Erhitzen eine Schutzwirkung der Calciumsalze. Der schädigende Einfluß des Lichtes auf die fermentative Wirksamkeit der Diastase wurde von KAMBAYASHI (56) festgestellt. Die Takadiastase-Lösung ist daher im Dunkeln aufzubewahren (vgl. S. 585). — Für ein vollkommen ungeeignetes Antiseptikum bei derartigen Untersuchungen hält MIEHE (73) Thymol, während Toluol und Chloroform ohne schädigenden Einfluß auf die Diastase bleiben. Ersteres Reagens wurde von mir angewandt (siehe S. 585; bezüglich der Eigenreduktion S. 638). Die Herstellung der Diastaselösung wird von Sabalitschka (90) in der Weise vorgenommen, daß das mit Wasser angeriebene Ferment unter Schütteln etwa 1 Stunde sich überlassen und dann erst filtriert wurde. Ich habe bei Anwendung dieses Verfahrens keinen Unterschied im Vergleich mit einer einfachen Lösung feststellen können.

Mir mußte nun vor allem daran liegen, das Verhalten der Takadiastase in den verschiedenen Medien, in denen sie im Verlauf der Analyse wirken soll, festzustellen. Das Präparat war von der Firma Parke, Davis u. Co., London, bezogen, deren Ware, wie ich aus der Literatur entnehme (11, 79), den meisten Forschern zur Untersuchung vorlag. Die Versuche wurden unter Zusatz eines Acetatpuffers bei einem optimalen p_H von 4,9 und einer optimalen Temperatur von 37° vorgenommen (85).

Der Einfluß der Takadiastase auf Glukose und Saccharose war durchaus negativ; es wurde nach der Hydrolyse keine Reduktionsänderung abzüglich der Eigenreduktion festgestellt (Tabelle 21).

Tabelle 21.

Nr.	Substanz	Gewicht mg	Taka-Diastase-Hydrolyse		
			1. mg	2. mg	3. mg
1.	Glukose	0,1	0,099	0,100	0,100
2.	Saccharose	0,1	0	0,001	0

Die Eigenreduktion der wässerigen Lösung betrug etwa 50% der angewandten Totalmenge. Wird jedoch die Lösung mit Acetatpuffer versetzt und 24 Stunden bei 38° belassen, so tritt eine Erhöhung der Reduktion auf 70% ein. Wird außerdem noch 2,5%ige Salzsäure oder 2%ige Schwefelsäure zugegeben, so wird ebenfalls eine Eigenreduktion von 70% gefunden; die diastasische Wirkung dagegen ist in diesem Falle verloren gegangen. Dieses Ergebnis ähnelt dem Befunde Vischers (112), der eine *Abnahme* der Reduktion in Gegenwart von Phosphatpuffer fand. Im Gegensatz zur Invertase ändert sich die Eigenreduktion und Wirksamkeit der Takadiastase nicht nach der Hefebehandlung (Tabelle 22).

Tabelle 22.

Nr.	Substanz	Gewicht mg	Sofort titriert mg	Acetat- puffer- zusatz mg	HCl- Zusatz mg	H₂SO₄- Zusatz mg	Hefe- zusatz ohne Puffer mg	Hefe- zusatz mit Puffer mg
1.	Taka-Diastase	0,10	0,051	0,071	0,070	0,069	0,050	0,070
2.	„	0,15	0,076	0,104	0,104	0,106	0,075	0,103
3.	„	0,20	0,102	0,141	0,142	0,141	0,100	0,142
4.	„	0,25	0,127	0,174	0,175	0,175	0,123	0,175

Von den Versuchen WOHLGEMUTHS (114) in alkalischer, saurer und Neutralsalzlösung interessierten besonders die Ergebnisse bezüglich des Verhaltens der Takadiastase in Neutralsalzlösungen. In einer für unsere Untersuchungen in Frage kommenden 4%igen NaCl-Lösung war eine fast vollständige Hemmung der diastasischen Wirkung zu verzeichnen, dagegen sind geringe Mengen von Barium- und Calciumcarbonat, deren Löslichkeit in H_2O ja relativ gering ist, ohne Einfluß (Tabelle 23). Es läßt

Tabelle 23.

Nr.	Substanz	Gewicht	Inversion ohne Zusatz		4% NaCl-Zusatz		Ba-Carb.-zusatz		Calcium-Carbonat-Zusatz	
			1.	2.	1.	2.	1.	2.	1.	2.
		mg	mg	mg	mg	mg	mg	mg	mg	mg
1.	Maltose	0,10	0,094	0,093	0,016	0,015	0,095	0,095	0,093	0,092
2.	„	0,15	0,142	0,142	0,023	0,025	0,144	0,143	0,143	0,143
3.	„	0,20	0,189	0,191	0,033	0,034	0,190	0,191	0,191	0,189
4.	„	0,25	0,235	0,235	0,040	0,039	0,234	0,233	0,236	0,235

sich also nach einer Säurehydrolyse und anschließenden Neutralisation weder eine weitere Takadiastasehydrolyse noch eine Hefebehandlung an der gleichen Lösung vornehmen, es sei denn, daß die Schwefelsäurehydrolyse mit darauffolgender $Ba(OH)_2$-Fällung vorgenommen wurde.

Es waren nun noch Versuche mit der Maltosehydrolyse in Zuckergemischen anzustellen. Die Unwirksamkeit der Inversion mit Takadiastase auf andere Kohlehydrate ist schon erwähnt worden (Tabelle 21). Die Zahlen der Tabelle 24 zeigen, daß durch die 24stündige Säure-

Tabelle 24.

Nr.	Substanz	Gewicht	Salzsäure-Hydrolyse		
			1.	2.	3.
		mg	mg	mg	mg
1.	Maltose. . . .	0,10	0,193	0,196	0,192
	Glukose . . .	0,10			
2.	Maltose. . . .	0,10	0,126	0,131	0,127
	Fructose . . .	0,10			
3.	Maltose . . .	0,10	0,194	0,193	0,193
	Arabinose . . .	0,10[1]			

hydrolyse die Zucker nicht angegriffen werden, mit Ausnahme der Fructose. Ist also dieser Zucker im Pflanzenmaterial zu erwarten, so muß von der Säurehydrolyse Abstand genommen und zur Takadiastase gegriffen werden.

Schließlich seien noch in Tabelle 25 Analysenwerte der Maltosebestimmung am Pflanzenmaterial wiedergegeben.

---

[1] Die Berechnung der Pentose siehe S. 618.

Tabelle 25.

Nr.	Material	Gewicht	Sofort titriert		5 Min. HCl-Hydrolyse		24 Std. HCl-Hydrolyse		24 Std. Taka-Diastase-Hydrolyse	
			1.	2.	1.	2.	1.	2.	1.	2.
		g	mg	mg	mg	mg	mg	mg	mg	mg
1.	*Nicot. tab.*	1,0	13,5	13,4	14,1	14,3	17,2	17,1	17,4	17,2
2.	„ „	2,0	24,8	24,3	26,1	25,9	29,4	29,4	29,9	30,2
3.	„ „	2,0	26,7	26,9	26,6	26,7	31,9	30,9	32,4	32,3

Ergebnisse der Tabelle 25 (Durchschnittswerte).

Nr.	Kohlehydrate	1. Analyse mg	2. Analyse mg	3. Analyse mg
1.	Saccharose	0,8	1,5	0
2.	Maltose.	3,7	4,9	4,8
3.	Maltose.	3,9	5,5	5,6
4.	Rest-Reduktion	3,7	5,0	5,3
5.	Rest-Reduktion	3,8	5,7	5,4

V. Stärke-Bestimmungsmethoden.

Einige Autoren bestimmen die Stärke direkt durch Ausfällen mit chemischen Mitteln:

GIRARD (41) und auch SEYFERT (95) benutzen die Eigenschaft der Stärke, Jod in bestimmtem Verhältnis zu binden, zu einer titrimetrischen Bestimmung. Es wird jedoch darauf hingewiesen, daß verschiedene Stärkearten verschiedene Mengen Jod binden.

DENNSTADT u. VOIGTLÄNDER (25) benutzen die jodbindende Eigenschaft der Stärke zu einer colorimetrischen Bestimmung.

Setzt man einer Stärkeemulsion eine bekannte Menge Barytlauge zu, so entsteht in Gegenwart von Alkohol ein Niederschlag von $BaO \cdot C_{24} H_{40} O_{20}$. Die überschüssige Barytlauge wird titrimetrisch ermittelt und daraus die Stärke unter Zugrundelegung obiger Formel berechnet (ASBOTH, 2).

DENNY (26) hat die Eigenschaft der Stärkefällung aus einer $CaCl_2$-Lösung mit anschließender jodometrischer Titration zu einer quantitativen Bestimmung ausgearbeitet.

Erwähnt wurde schon, daß die Polarisation zur Bestimmung der Stärke herangezogen werden kann (S. 589).

Einwandfrei für die Bestimmung kleiner Stärkemengen sind jedoch nur diejenigen Methoden, die auf einer vorangehenden Verzuckerung der Stärke beruhen, die erreicht wird 1. durch Säure- und 2. durch Ferment-hydrolyse. Bevor ich aber auf die Besprechung der Bedingungen für die Hydrolyse eingehe, bedarf es einer kleinen Auseinandersetzung über den

Bau der Stärke, um sowohl die zwei verschiedenen Prozesse, die wir bei der Stärkeinversion unterscheiden müssen, nämlich die *Lösung der Stärke* und *ihre Verzuckerung* als auch die *Kinetik* und den *Chemismus der Amylasenwirkung* verstehen zu können.

Unsere geringen Kenntnisse und verschiedenen Ansichten über den Aufbau der Polyosen befinden sich gerade gegenwärtig in vollster Revolution, die selbst die Grundlagen der theoretischen Strukturchemie zu erschüttern droht. Bis vor kurzem betrachtete man die Stärke als einen kolloiden Stoff, der sich aus Anhydriden von verschiedenen Hexosen strukturchemisch gebunden in langer einfacher Kette aufbaut:

$$C_6H_{11}O_5—O—C_6H_{10}O_4—O—C_6H_{10}O_4—O \ldots C_6H_{11}O_5.$$

Den Abbau dachte man sich so, daß von dieser langen Kette immer wieder ein Maltoserest abgesprengt und so die Kette immer mehr verkürzt wird, wobei als Kettenreste die verschiedenen Dextrine als regelrechte Zwischenprodukte auftreten (Literatur: 46, 57, 58, 82, 106). Diese Auffassung scheint völlig falsch zu sein. Die Polyosen scheinen nicht aus langen Ketten strukturell verbundener Hexosen, sondern aus *anhydridischen durch Molekularvalenzen aggregationsmäßig zusammengeballten Grundkörpern oder Individualgruppen* zu bestehen. Es findet also keine Polymerisation der Monosen durch echte Strukturbindung statt, sondern die Grundkörper werden durch sogenannte *Gitterkräfte*, d. h. Kräfte, die *zwischen* den einzelnen Molekeln wirken, zusammengehalten. Unter Wirkung dieser Kräfte treten die Grundkörper zu *Micellen, Aggregaten* oder *Zusammenballungen* von unbestimmter Größe zusammen (Literatur Samek, 91).

Betrachten wir nun den spezifischen Bau der Stärke, so finden wir, daß jedes Stärkekorn aus einer Innensubstanz, der sogenannten Amylose, und einer Hülle aus Amylopektin (83%) besteht (Maquenne, 70). Beide Körper sind chemisch verschieden (Jodfärbung, Wasserlöslichkeit, Electrolytgehalt) und unterscheiden sich auch im Abbau erheblich.

Was nun die *Grundkörper* der Stärke betrifft, so ist noch wenig Sicheres darüber bekannt. Nur soviel scheint sicher zu sein, daß die bisher beim Abbau isolierten Körper nicht mit den Grundkörpern identisch sind, sondern sekundäre Umwandlungsstoffe darstellen. Das gilt auch von der als normales Spaltprodukt der Stärke auftretenden Maltose, die erst sekundär aus Glukosen entstanden ist. Letztere haben sich, wie Pringsheim (82) annimmt, aus der *Amylobiose* abgespalten, die aus einem *Dihexosan*, das wahrscheinlich ein Grundkörper der Stärke ist, entstanden ist.

Das *Amylopektin* liefert ein *Trihexosan* und wird durch Amylase in Maltose gespalten, jedoch bleibt ein Rest von 35% unangegriffen zurück, der mit dem sogenannten Grenzdextrin identisch ist. Die technisch bedeutsame sogenannte Nachverzuckerung im Brauereigewerbe beruht darauf, daß die zugegebene Hefe einen Aktivator für die Amylase besitzt, ein Co-Enzym, das die Amylase befähigt, auch noch das Grenzdextrin zu spalten.

Die 100%ige Spaltung der Stärke zu *Maltose* kann durch tierische *und* pflanzliche Amylasen (technisch hergestellte Bialase, wahrscheinlich aus *Bazillus subtilis* gewonnen) umgangen werden: Die tierischen Amylasen spalten nur die in der Stärke vorliegenden α-, die pflanzlichen Amylasen nur die β-Glukosidbindungen. Die aus der Spaltung hervorgehenden Glukosen sind zunächst sehr reaktionsfähige Körper, alloiomorphe Formen, die bei unvollkommener Glukosidspaltung rasch Maltose bilden, bei vollkommener Lösung der Glukosidbildung aber zur trägen d-Glukose stabilisiert werden.

Das Amylopektin ist elektrolythaltig, zum Teil als Ester an Phosphorsäure gebunden, die ihrerseits teilweise Wasserstoff durch Metalle ersetzt hat, also Salzbildung aufweist. Diese Elektrolyte bewirken die hohe Viskosität, den Kleistercharakter der Stärke, die durch Abspaltung der Elektrolyte sofort herabgesetzt wird, d. h. die Stärke wird löslich. Dieser erste Akt der diastatischen Spaltung geschieht durch Amylophosphatase, die den Phosphorsäurekomplex absprengt. Auch beim Kochen im Autoklaven wird die Phosphorsäure abgespalten, und so entsteht die sogenannte „lösliche Stärke".

Als Grundkörper des Amylopektins kommen Trihexosane in Frage, die beim Stärkeabbau gelockert werden; es treten Grundkörper von verschiedenen Associationsstufen auf, die also keinen einheitlichen Begriff, sondern Etappen des Stärkeabbaues, Auflockerungsphasen des ursprünglichen Aggregates darstellen. Von solchen Stufen unterscheidet man Amylodextrin, Erythrodextrin und Achroodextrin, von denen nur das letztere einheitlicher Natur ist, es ist das sogenannte Grenzdextrin, das die chemische Struktur eines Trihexosans besitzt und der diastatischen Verzuckerung erst nach Zusatz eines Co-Fermentes nicht mehr widersteht. Dieses Co-Ferment fehlt übrigens im ungekeimten Samen, entsteht aber bei der Keimung. Vom Gehalt an diesem Co-Enzym hängt die Verzuckerungsgrenze ab. Die übrigen Dextrine entstehen vielfach nebeneinander und sind nicht säuberlich voneinander zu trennen.

Zur Säurehydrolyse wird zumeist Salz- oder Schwefelsäure verwandt, wobei sich erstere bei gleicher prozentualer Konzentration als stärker wirkend gezeigt hat (110). Die Angaben über die Dauer der Hydrolyse sind auch hier verschieden. Für die am meisten angewandte HCl-Hydrolyse sind folgende Werte am gebräuchlichsten: Temperatur 65—100⁰, Dauer 3—24 Stunden, Konzentration 1—3%. — Die direkte Säurehydrolyse ist beim Pflanzenmaterial natürlich nicht ohne Schwierigkeit möglich, weil dabei eine beträchtliche Verzuckerung anderer Körper, z. B. der Hemizellulosen, stattfinden kann. SPOEHR (l. c.) jedoch hydrolysiert sein Material sofort mit 1%iger Salzsäure 3 Stunden lang am Rückflußkühler auf dem kochenden Wasserbad. Nach seiner Meinung wird die Zellulose erst bei höherer Säurekonzentration angegriffen. Seine Versuche mit Diastase schlugen fehl, da die Stärke infolge schleimiger Substanzen (Kakteen) überhaupt nicht angegriffen wurde. Von den meisten Forschern wird aber die direkte Säurehydrolyse im Pflanzenmaterial vermieden.

Das Ferment, welches Stärke in Glukose umwandelt, ist das zuerst entdeckte Enzym, die Diastase. Optimale Temperatur und p_H-Werte zeigen bei den einzelnen Amylasen gewisse Unterschiede. Die von *Aspergillus oryzae* erzeugte und vielfach angewandte Takadiastase hat einen optimalen p_H-Wert von 4,8 und zeigt die stärkste Wirkung bei einer Temperatur von 38⁰. Bish (11) erhielt bei einem p_H von 5,5 die besten Resultate. Nach seinen Untersuchungen ist nach 24 Stunden fast sämtliche Stärke hydrolysiert. Ein kleiner unhydrolysierter Rest bleibt selbst nach 48 Stunden noch bestehen. Nach Davis u. Daish (21) ist schon nach 6 Stunden alle Stärke gespalten; einfache Diastase dagegen zeigt nicht diese intensive Wirkung. Tollenaar baute die neben Glukose entstandene Maltose auch noch bis zur Glukose ab, indem er nach Entfernung des Pflanzenmaterials 3 Stunden lang mit $^1/_1$ n HCl kochte. Thomas (107) vermied die zweite Hydrolyse, da er das Verhältnis von Glukose zu Maltose als konstant betrachtete. — Gast (l. c.) verwandte das Ptyalin des Speichels zur Hydrolyse. Die beträchtliche Eigenreduktion der Fermente, die aus einem Blindwert ermittelt werden kann (vgl. S. 605), ist dabei nicht quantitativ berücksichtigt worden.

Nach Ansicht von Syniewski (105) beteiligen sich am Spaltungsvorgang der Stärke zwei Fermente, nämlich die α- und β-Diastase. Erstere finden wir in ungekeimter Gerste, letztere entsteht während des Mälzens. Die α-Diastase, die auf Stärkekleister nicht einwirkt, besitzt das spezifische hydrolysierende Vermögen für gelöste Stärke, sie greift also nur den inneren Kern der Stärke an.

In der Theorie stellt man sich den Stärkeabbau in vier Reaktionsstufen vor, die hier nur kurz erwähnt werden sollen: 1. Die Elektrolytabspaltung (Überwindung der Kohäsionskräfte zwischen den einzelnen Molekeln, Aggregationsverkleinerung, äußerlich eine Verflüssigung). 2. Die Auflockerung durch Desassociation (Dextrinstufen). 3. Die Aufspaltung der Anhydridringe (Amylobiosenbildung). 4. Die Aufspaltung der Glukosidbindung (Monosenbildung). Über die Frage, wie viel Fermentgruppen an der Stärkehydrolyse beteiligt sind, hegt man zwei verschiedene Ansichten. Entweder sind nur zwei Fermentgruppen, eine Amylophosphatase und spezifische Glukosidasen, erforderlich oder es bedarf, wenn nach anderer Auffassung erst die Desassociation (Dextrinierung) vorangeht, einer weiteren Fermentgruppe, der sogenannten *desaggregierenden Hydrahasen*. Dextrinierung und Verzuckerung zu trennen, ist bis jetzt allerdings nur unvollkommen geglückt (SABA-LITSCHKA 89).

Die Zuckerbildung und Stärkelösung ist bei den einzelnen Diastasen recht verschieden. Man drückt das Verhältnis durch folgende Formel aus: $\dfrac{100\,PS}{PL}$, wobei PS die Verzuckerung und PL die Stärkeverflüssigung bedeuten. Bei der Takadiastase z. B. ist die Verzuckerungsfähigkeit sehr klein (12), dagegen haben wir in ungekeimtem Samen eine starke Verzuckerungskapazität bei geringem Stärkeabbau (600—2400). Ungekeimte Samen greifen daher Amylopektin kaum an.

Wenden wir uns zunächst wieder den Untersuchungen reinen Kohlehydratmaterials zu und versuchen Stärke unter den für das Pflanzenmaterial geltenden Bedingungen zu bestimmen. Für die Versuche wurde reinste, bei 100⁰ getrocknete Weizenstärke verwandt.

Das Verkleistern der Stärke war vollkommen nach einem Erhitzen von 45 Minuten auf dem kochenden Wasserbade. Erst dann wurde nach der Hydrolyse der höchste Prozentsatz (nämlich 100%) an verzuckerter Stärke als Glukose wiedergefunden. Es zeigte sich hierbei, daß die einfache Malzdiastase nicht die intensive Wirkung der Takadiastase besitzt (Tabelle 26). Die Hydrolyse wurde im Thermostaten unter Toluolzusatz

Tabelle 26.

Nr.	Substanz	Gewicht	Hydrolyse nach 10 Min. Verkl.	Hydrolyse nach 30 Min. Verkl.	Hydrolyse nach 45 Min. Verkleisterung		Hydrolyse nach 1 Std. Verkleisterung	
					Malz-Diastase	Taka-Diastase	Malz-Diastase	Taka-Diastase
		mg	mg	mg	mg	mg	mg	mg
1.	Weizenstärke	0,1	0,083	0,096	0,095	0,101	0,092	0,100
2.	„	0,2	0,171	0,191	0,191	0,202	0.186	0,202

bei 37⁰ und bei einem p_H von 4,9 (Acetatpuffer) durchgeführt. Eine Erhöhung der Reduktion trat nach 36 oder gar nach 48 Stunden nicht mehr auf. Wurden diese optimalen Bedingungen der Hydrolyse nicht eingehalten, so traten Änderungen in den Reduktionswerten auf.

Den *Einfluß der Reinigungsrückstände* zeigt die nächste Tabelle 27. Zu dem Stärkekleister wurden etwa je 1 g feste Substanz Kohle, Calcium- und Bariumcarbonat zu 1000 ccm Flüssigkeit gegeben. Der schädigende Einfluß von Bariumcarbonat läßt es ratsam erscheinen, dieses Fällungsmittel überhaupt nicht zur Reinigung zu verwenden. Nach der Hydrolyse und Filtration dieser Flüssigkeit, wobei auf sorgfältiges Nachwaschen zu achten ist, bereitete die Vergärung der filtrierten Lösung keine Schwierigkeit; sie war vollkommen.

Die Stärke befindet sich bei Einhaltung des skizzierten Analysenganges (S. 629) im Rückstand des filtrierten Pflanzenextraktes neben den

Tabelle 27.

Nr.	Substanz	Gewicht	Kohle-Zusatz		Calcium-Carbonat-Zusatz		Barium-Carbonat-Zusatz		Vergärung der filtrierten Kohle-Lösung		Vergärung der filtrierten Calcium-Carbonat-Lösung	
			1.	2.	1.	2.	1.	2.	1.	2.	1.	2.
		mg	mg	mg	mg	mg	mg	mg	mg	mg	mg	mg
1.	Weizenstärke	0,1	0,101	0,100	0,100	0,099	0,085	0,087	0	0,001	0	0,003
2.	„	0,15	0,150	0,149	0,152	0,151	0,126	0,124	0	0	0,001	0
3.	„	0,20	0,199	0,202	0,203	0,200	0,168	0,170	0,002	0	0	0
4.	„	0,25	0,146	0,147	0,151	0,151	0,113	0,113	0	0	0	0

ungelösten Reinigungsmitteln (Kohle, Carbonat), aus welchem sie zu bestimmen ist.

Bei der Übertragung dieser Stärkebestimmungsmethode auf Pflanzenmaterial war zu untersuchen, ob die *Verkleisterung* und *Hydrolyse* auch in diesem Falle quantitativ in gleichem Maße erfolgt. Zu diesem Zwecke wurde zuerst vollkommen stärkefreies, frisches *Clivia*-Blattmaterial mit einer bestimmten Stärkemenge versetzt, zerrieben. auf die übliche Weise extrahiert und schließlich filtriert. Der Rückstand wurde vom Filter abgespült und die Stärkebestimmung vorgenommen, die einen Verlust von etwa 25% der zugegebenen Stärke ergab. Wurde jedoch das verwendete Filter (Fabrikat S. 631) samt dem Rückstande zerkleinert, so entsprach nach Abzug der reduzierenden Substanzen der restliche Reduktionswert demjenigen der zugesetzten Stärkemenge. Die getrennte analoge Bestimmung eines Filters allein ergab einen Reduktionswert von etwa 5% des Filtergewichtes, der für jede Filtersorte zu bestimmen und in Abzug zu bringen ist. Die Reduktion der reduzierenden Substanzen, die also auch im Rückstande nach $1^1/_2$stündigem Erhitzen noch auftreten, war nach der Vergärung stets gleich groß. Da also ein gewisser Prozentsatz der Stärke in die Poren des Filters eindringt und nicht mit ausgespült wird, so ist die *Bestimmung des Rückstandes mitsamt dem zerkleinerten Filter* vorzunehmen (Tabelle 28).

Um die Gewißheit der *vollkommenen Verkleisterung* der in den Zellen eingeschlossenen Stärke zu haben, wurde stärkehaltiges Pflanzenmaterialpulver wie gewöhnlich extrahiert und der Rückstand verschieden lange Zeit auf dem Wasserbade gekocht. Nach $1^1/_2$stündigem Kochen wurde nach der Hydrolyse keine Reduktionserhöhung mehr festgestellt (Tabelle 29).

Tabelle 28.

| Nr. | Material | Gewicht | Stärke-zusatz | Fermenthydrolyse | | | Vergärung | |
| | | | | des Materials | des Filters | d. Mater. + Filters | des Materials | des Filters |
		g	mg	mg	mg	mg	mg	mg
1.	*Clivia* . .	2,11	0	8,02	0,74	—	8,32	0
2.	„ . .	2,03	10	16,15	2,61	—	0,20	0
3.	„ . .	1,98	10	—	—	18,36	8,24	
4.	Filter . .	Sch.u.Sch. Nr. 589	—	—	0,5	—	—	0

Die Werte stellen aus mehreren Analysen errechnete Mittelwerte dar.

Tabelle 29.

| Nr. | Material | Gewicht | Reduktion nach 1 stündigem Kochen | | Reduktion nach 1½ stünd. Kochen | | Reduktion nach 2 stündigem Kochen | |
| | | | mg | | mg | | mg | |
		g	1	2	1	2 ·	1	2
1.	*Helianth. ann.*	0,5	4,3	4,2	4,8	4,9	4,7	4,8
2.	*Nicot. tab.* .	0,5	3,1	3,1	3,5	3,7	3,6	3,5

Die *direkte Verwendung der Säurehydrolyse*, die bei Inversionsver-
suchen an reiner Stärke nach dem TOLLENAARschen Verfahren etwa 95%
verzuckerte, mußte beim Pflanzenmaterial unterbleiben, da die Verzuckerung anderer Substanzen durch Säuren recht beträchtlich ist. Die
gefundene Stärkemenge war nach der Säurehydrolyse stets bedeutend
größer als nach der Fermenthydrolyse. Wurde z. B. stärkefreies *Clivia*-
Material mit einer bestimmten Stärkemenge versetzt, so wurde nach der
Fermenthydrolyse der wahre Stärkewert gefunden, nach der Säurehydrolyse aber ein bedeutend höherer Wert. Dieser Versuch, sowie der der
Tabelle 28, sind gleichzeitig ein Beweis für die *vollkommene Hydrolyse
aller Stärke im Pflanzenmaterial* bei Anwendung des vorgeschlagenen Verfahrens (Tabelle 30).

Tabelle 30.

| Nr. | Material | Ge-wicht | Stärke-zusatz | Ferment-hydrolyse | | Säure-hydrolyse | | Vergärung der Fermentlösung | |
| | | | | mg | | mg | | mg | |
		g	mg	1	2	1	2	1	2
1.	*Clivia* . .	1,04	5,0	8,96	9,02	14,4	14,5	4,16	4,21
2.	„ . .	2,12	10,0	18,35	19,27	29,7	30,1	7,93	8,02

Auch nach der Filtration des fermentierten Materials ist eine Säurehydrolyse, die die neben Glukose gebildete Maltose ebenfalls quantitativ
bis zur Glukose abbauen soll, wegen der mit Rücksicht auf die anschlie-
ßende Vergärung etwas mühevollen Handhabung nicht zu empfehlen und
ohne Vorteil, da die Takadiastase die Stärke ja weitgehend verzuckert
und nach der Säurehydrolyse nur eine geringe Reduktionserhöhung fest-

zustellen ist. Ich pflichte auf Grund der bei der Fermenthydrolyse gefundenen gleichmäßigen Ergebnisse Thomas (107) bei, der das Verhältnis von Glukose zu Maltose als konstant betrachtet.

Es sei zum Beleg für die Richtigkeit des Dargelegten auf die folgenden Tabellenwerte (31) verwiesen. Danach ist zwar die Reduktion bei An-

Tabelle 31.

Nr.	Material	Gewicht g	Zusatz	Stärkebestimmung des Rückstandes		Vergärung des fermentierten Rückst.		Gefundene Stärke
				mg		mg		mg
				1	2	1	2	
1.	*Helianth.ann.*	0,5	—	10,9	10,7	3,1	3,4	7,5
2.	„	0,5	Kohle, Ca-Carb.	11,1	11,3	3,9	3,8	7,4
3.	*Nicot. tab.* .	0,5	—	6,3	6,3	2,2	2,4	4,0
4.	„ .	1,0	Kohle, Ca-Carb.	12,5	12,2	4,9	5,2	7,4

wesenheit von Kohle und Calciumcarbonat etwas höher, dieser Überwert wird jedoch durch eine erhöhte Restreduktion nach der Vergärung wieder ausgeglichen. Ferner ergibt sich auch hieraus, daß der Zusatz von Kohle und Calciumcarbonat ohne störenden Einfluß auf die Vergärung ist.

VI. Pentosen-Bestimmungsmethoden.

Trotz der durch die Stereoisomerie bedingten Mannigfaltigkeit dieser Zuckerarten finden wir in der Pflanze nur zwei Pentosen, nämlich die l-Arabinose und die l-Xylose, die im freien Zustande auch nur in Spuren nachgewiesen wurden, und zwar zuerst von de Chalmot (24), später von Davis u. Sawyer (22) in alkoholischen Extrakten verschiedener Laubblätter wie z. B. *Tropaeolum* u. a. Größere Bedeutung besitzen die Pentosen für den Aufbau des Pflanzenkörpers als Bestandteile einiger hochmolekularer Kohlehydrate, der in den Zellwandungen vorkommenden Pentosane. In den Pektinstoffen finden sich neben der Tetragalakturonsäure Araban und d-Galaktose (29, 31). Auf die besondere Bedeutung der Pentosen in den Kakteen weist Spoehr (l. c.) hin: Er nimmt an, daß die Arabinose aus der d-Glukose und die Xylose aus der d-Galaktose entstanden sind. Dem schleimigen Charakter der Pentosane und ihrer Fähigkeit, große Mengen von Wasser zu imbibieren, mißt der Autor besondere physiologische Bedeutung bei.

Diese Rolle der Pentosen lassen deren qantitative Erfassung wünschenswert erscheinen. Eine differenzierte Bestimmung der verschiedenen Pentosen ist nach dem heutigen Stande unserer chemischen Kenntnisse leider noch nicht möglich, so daß alle Bestimmungsmethoden nur annähernde Werte geben können, da man auf keine bestimmte Pentose beziehen, den Reduktionswert der Gesamtpentosen jedoch nur auf eine Pentose berechnen kann.

Die Arabinose und Xylose besitzen ein Rechtsdrehungsvermögen und können daher polarimetrisch bestimmt werden.

Da beide Zucker auf FEHLINGsche Lösung reduzierend wirken, haben BROWN, MORRIS u. MILLER (13) diese Eigenschaft zur Ausarbeitung einer quantitativen Bestimmung benutzt. Später hat DAISH (17) diese Methode aufgegriffen, geprüft und verbessert. Sowohl Arabinose als auch Xylose wirken auf FEHLING in fast gleichem Maße reduzierend, so daß man für beide Zucker einen Durchschnittswert, der dem Gewicht des reduzierten CuO entspricht, ansetzen kann. DAISH bestimmt das reduzierte Kupfer gravimetrisch entsprechend der FEHLINGschen Glukosebestimmungsmethode und hat Tabellen ausgearbeitet, in denen der Arabinose/Xylosewert zu finden ist. STONE (103) und ZAITSCHECK (117), die ebenfalls mit FEHLINGscher Lösung Pentosebestimmungen ausgeführt haben, erhalten voneinander abweichende Werte, was vermutlich an der verschiedenartigen Versuchsanordnung liegt.

Die Bestimmung der Pentosen mit Phenylhydrazin ist von verschiedenen Forschern bearbeitet worden. NEUBERG (78) fällt Arabinose mit Diphenylhydrazin als Arabinose-Diphenylhydrazon, bestimmt die gefällte Substanz gravimetrisch und rechnet sie auf Arabinose um. RUFF u. OLLENDORFF (87) verwenden Benzylphenylhydrazin zur quantitativen Trennung von Arabinose und Xylose. Arabinose-Benzylphenylhydrazon fällt aus alkoholischer Lösung aus, Xylose-Benzylphenylhydrazon dagegen aus wässeriger Lösung. Beide Zucker können auf diese Weise getrennt und gewogen werden.

Diese besprochenen Methoden stellen keine für die Pentosen spezifische Reaktion dar und eignen sich deshalb kaum zur Bestimmung der Pentosen in Gemischen mit anderen Zuckern.

Die geeignetste Methode zur Bestimmung der Pentosen ist die bekannte Furfuroldestillationsmethode. Die Pentosen geben mit Säuren destilliert Furfurol, das auf verschiedene Weise bestimmt werden kann und auf Pentosen umgerechnet wird. Es liefert dabei ein Molekel Pentose ein Molekel Furfurol:

$$C_5H_{10}O_5 = C_4H_3O(CHO) + 3H_2O.$$

Einige Modifikationen sollen hier besprochen werden:

TOLLENS und seine Mitarbeiter (l. c.) verwenden die Salzsäuredestillationsmethode. Das durch die Einwirkung von HCl auf Arabinose entstehende Furfurol wird destilliert, mit Phloroglucin als grünschwarzes Furfurol-Phloroglucid gefällt und gewogen. FROMMHERZ (110) verwendet an Stelle von Phloroglucin Barbitursäure, die mit Furfurol einen kristallinischen, gut wägbaren Niederschlag bildet.

Von JOLLES (55) wird das titrimetrische Verfahren eingeschlagen, und zwar derart, daß Furfurol an Natriumbisulfit gebunden und das überschüssige Bisulfit mit Jodlösung zurücktitriert wird. Um ein gleichmäßiges Destillat zu erhalten, führt der Autor eine besondere, von der üblichen Art abweichende Apparatur ein.

Diese bemerkenswerten Arbeiten sind zur Mikrobestimmung leider nicht verwendbar, da bei diesen Methoden in Zuckergemischen auch andere Kohlehydrate beträchtliche Mengen von Furfurol bilden.

PERVIER u. GORTNER (81) beschäftigten sich mit der Säurekonzentration bei der Furfuroldestillation. Sie verwenden statt der üblichen 12%igen Salzsäure sogar 18—20%ige und destillieren im Dampfstrom. Das Furfurol oxydieren die Autoren mit 20%iger Bromkalilösung und titrieren darauf mit Kaliumbromat. Der Umschlagspunkt wird elektrometrisch festgestellt. Nach HOFFMANN (48) soll die Methode unbequem und der Reaktionsverlauf ein sehr langsamer sein.

Eine colorimetrische Methode haben FLEURY u. POIROT (33) veröffentlicht: Salzsaure Orzinlösung entwickelt unter Zusatz von Ferrichlorid in essigsaurer Furfurollösung nach dem Erhitzen im Wasserbad in bestimmter Zeit ($^1/_2$ Stunde) eine blaue Farbe, die im Colorimeter verglichen wird. Es können hiermit Mengen von 0,04 mg% Furfurol gemessen werden.

Auch McCANCE (72) hat eine schnelle und einfache colorimetrische Pentosenbestimmungsmethode ausgearbeitet. Der Autor findet, daß Benzidin mit Furfurol die intensivste Farbe gibt und am leichtesten vergleichbar ist, wenn die Differenz zwischen Standard- und unbekannter Lösung 25% nicht überschreitet. Eine Destillation des Furfurols findet nicht statt, sondern die zu bestimmenden Lösungen werden mit Salzsäure im kochenden Wasserbad 2 Stunden lang erhitzt. Nach dem Erkalten wird das gebildete Furfurol mit Benzin ausgeschüttelt, nach einiger Zeit wird die Benzinschicht getrennt und nach der Zugabe des Benzidinreagenses wird nach $^1/_2$ Stunde im Colorimeter verglichen.

Sowohl die Methode von FLEURY u. POIROT als auch diese Methode sind natürlich nur bedingt anwendbar. Gelöste Farbstoffe und andere Substanzen wirken störend und können große Fehler verursachen.

YOUNGBOURG u. PUCHER (116) haben wiederum eine colorimetrische Bestimmungsmethode ausgearbeitet. Schon in Spuren bildet Furfurol mit Anilinacetat in essigsaurer Lösung eine charakteristische rote Farbe. Man kann auf diese Weise noch Mengen von 0,04 mg% Furfurol nachweisen. HOFFMANN (l. c.) benutzt diese Methode mit einigen technischen Änderungen zur Pentosenbestimmung in Nucleinsäuren. In einer zweiten Arbeit (115) beschäftigt sich YOUNGBOURG mit der Furfuroldestillation und kommt zu dem Ergebnis, daß Phosphorsäure der Salzsäure entschieden vorzuziehen ist. Die Nachteile der Destillation mit Salzsäure liegen ja bekanntlich in der zerstörenden Wirkung dieser Säure und vor allem in ihrem Auftreten im Destillat. Bei der Phosphorsäure ist dies nicht der Fall, außerdem soll sie schneller als Salzsäure wirken und sogar 100% Furfurol bzw. Pentosen liefern.

Diese letzte einfache und exakte Mikromethode, die störende Substanzen und Farbstoffe ausschließt, habe ich mit Abänderungen und in Verbindung mit der HAGEDORN-JENSENschen Methode, auf deren Reduktionsgemisch die Pentosen ebenfalls reduzierend wirken, zur Pentosenbestimmung verwandt. In der Gesamtreduktion sind dann also die Hexosen, die Pentosen und die eventuell noch nicht entfernten reduzierenden Nichtzucker enthalten. Die Furfurolbestimmung ermöglicht

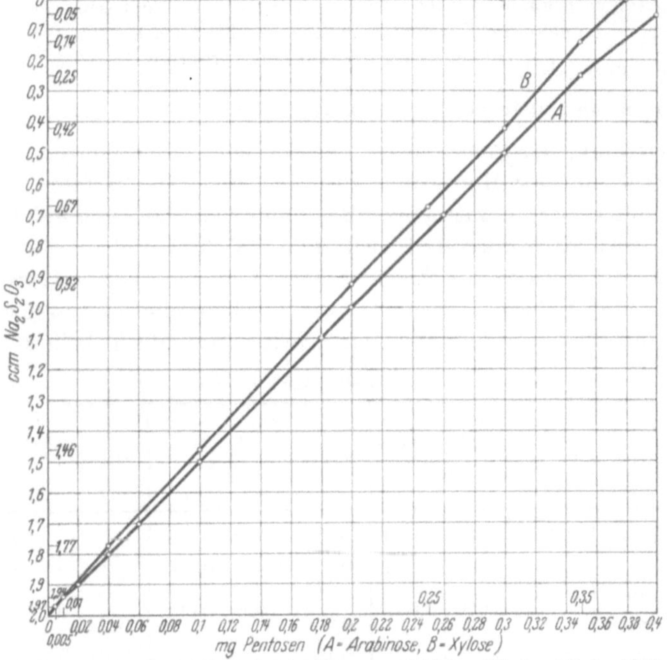

Abb. 3. Kurven zur Ermittelung des Arabinose- und Xylose-Wertes mit der Methode HAGEDORN-JENSEN.

die Abtrennung der Pentosen von dieser Summe der Totalreduktion, während durch die Vergärung die Pentosen und reduzierenden Nichtzucker isoliert werden, woraus sich alle drei Summanden errechnen lassen. Die reaktionsfähige Gruppe bei der Reduktionsmethode ist sowohl bei den Hexosen als auch bei den Pentosen eine CHO-Gruppe. Die Reduktionswirkung der einzelnen Zucker ist der Anzahl ihrer freien Aldehydgruppen direkt proportional, weshalb aus der Reduktion auf die Konzentration durch einfache Rechnung geschlossen werden kann.

Wir wenden uns zuerst wieder der Untersuchung der Reduktionswirkung reinster, aus Alkohol umkristallisierter und bei 100° bis zur Gewichtskonstanz getrockneter Arabinose und Xylose zu. Wässerige Lösungen dieser Zucker wurden nach HAGEDORN-JENSEN analysiert, doch stimmten die erhaltenen Reduktionswerte nicht vollkommen mit denen der Glukose überein, sondern ergaben ganz bestimmte, gesetzmäßige Abweichungen, die nach Herstellung von Serien- und Kontrollanalysen in der Abb. 3 graphisch dargestellt sind. Aus den durch die Analyse ermittelten und auf der Ordinatenachse abgetragenen Titrationswerten kann auf der Abszisse der wahre Pentosenwert abgelesen werden. Folgendes Beispiel mag die Berechnung der Analyse eines Pentosen/Hexosengemisches veranschaulichen:

$$\text{Gesamtverbrauch } Na_2S_2O_3 = 0{,}5 \text{ ccm (Hexosen + Pentosen).}$$
$$\text{Verbrauch nach der Vergärung} = 1{,}5 \text{ ccm (Pentosen).}$$
$$1{,}5 \text{ ccm } Na_2S_2O_3 \begin{cases} \text{nach Kurve } A = 0{,}1 \text{ mg Arabinose,} \\ \quad ,, \quad\quad ,, \quad\ B = 0{,}091 \text{ mg Xylose.} \end{cases}$$
$$1{,}5 \text{ ccm minus } 0{,}5 \text{ ccm} = 1 \text{ ccm} = 0{,}177 \text{ mg Glukose (n. Tabelle HAG.-JENSEN).}$$

Die Trennung der Pentosen von den übrigen Kohlehydraten geschieht durch Vergären aller Mono- und Disaccharide. Das Verfahren ist mit gutem Erfolg bei der quantitativen Bestimmung der reduzierenden Nichtzucker angewandt worden und wird auf S. 637 beschrieben. Es war nur noch die Wirkung des zur Anwendung kommenden Gärverfahrens auf Arabinose und Xylose einerseits, sowie auf Gemische dieser Zucker mit Glukose andererseits zu untersuchen. Die Resultate der Tabelle 32 zeigen,

Tabelle 32.

Nr.	Substanz	Gewicht mg	Titration nach der Vergärung mg 1	2	Gewicht mg	Titration nach der Vergärung mg 1	2	Gewicht mg	Titration nach der Vergärung mg 1	2
1.	Arabinose	0,10	0,10	0,098	0,15	0,151	0,149	0,20	0,197	0,199
2.	Xylose .	0,10	0,098	0,099	0,15	0,150	0,150	0,20	0,201	0,200
3.	Arabinose	0,05	0,050	0,051	0,10	0,098	0,099	0,10	0,103	0,100
	Glukose .	0,10			0,05			0,10		
4.	Xylose .	0,05	0,049	0,049	0,10	0,102	0,100	0,10	0,097	0,098
	Glukose .	0,10			0,05			0,10		

daß sowohl die Pentosen nicht vergoren werden als auch die Vergärung der Hexosen ohne störenden Einfluß für die Reduktionsbestimmung ist. Bemerkt sei noch, daß beim Abfiltrieren der Hefe nach der Gärung kräftig mit heißem Wasser nachzuwaschen ist, um Verluste zu vermeiden.

Vorstehende Pentosenbestimmung ist aber nur möglich, wenn keine reduzierenden Substanzen vorhanden sind. Die Trennung von diesen muß, wie schon gesagt, geschehen durch eine für die Pentosen spezifische Reaktion. Die Pentosenbestimmung nach YOUNGBOURG (l. c.) wurde als hierfür geeignet erkannt, doch stellten sich im Verlaufe der Untersuchungen verschiedene technische Mängel ein, so daß an der Methodik einige Änderungen vorgenommen wurden.

Die Apparatur (Abb. 4): Es ist ratsam, das Erhitzen des Pentose-
säuregemisches nicht auf offener Flamme, sondern in einem gläsernen
Ölbad, das die Durchsicht zwecks Beobachtung der Destillation gestattet,
vorzunehmen. Nur auf diese Weise wird eine gleichmäßige und genaue
Temperaturregelung gewährleistet. Das Kölbchen mit der Unter-
suchungsflüssigkeit ist bei H mit dem Ölbad durch Normalschliff verbunden. Je eine seitliche Öffnung am Ölbad dient zum Einführen eines
Thermometers (F) und zum Anbringen eines Schlauches (G), der das ver-
dampfende Öl in den Abzug leitet. Um das „Stoßen" und „Spritzen" des
Öles wegen der damit verbundenen Gefahr zu vermeiden, ist auf die absolut wasserfreie Beschaffenheit des Bades und Öles und auf das Einlegen
von Siedesteinchen dringend zu achten. — Die Verbindung der einzelnen

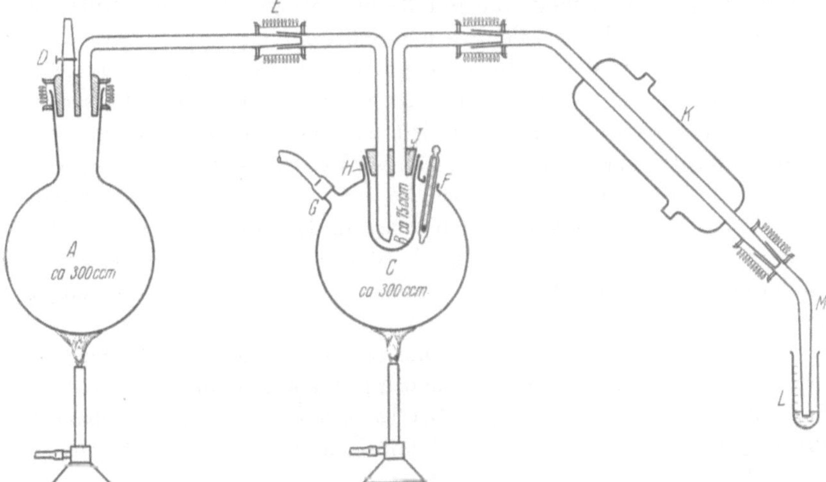

Abb. 4. Apparatur zur Pentosenbestimmung.

Kolben durch Gummi, wie es YOUNGBOURG angibt, wirkt außerordentlich störend auf die Farbtönung und -intensität. Die Kolben wurden deshalb durch eingeschliffene und eingefettete Glasstücke miteinander ver-
koppelt. Aus der in Abb. 4 dargestellten Zeichnung ist die Anordnung der
abgeänderten Apparatur ersichtlich. Das Material besteht aus Jenaer
Glas, besitzt Normalschliff und sollte hinsichtlich der wichtigsten Teile
(z. B. J, B) in doppelter Ausführung vorhanden sein.

Die Reagentien: Furfurol (MERCK) und Anilin wurden bei vermindertem Druck absolut farblos destilliert. Das Anilin bleibt einige Tage un-
gefärbt und muß dann wieder destilliert werden. Eine 1%ige Furfurollösung in absolutem Alkohol war unbegrenzt lange haltbar; der Alkohol
hatte auf die Bestimmung keinen Einfluß. Eine gleiche wässerige Lösung
dagegen konnte nur 2—3 Tage aufbewahrt werden.

Vorgang: Das Ölbad (C) ist zuerst auf etwa 125⁰ zu erwärmen, dann

mit dem kochenden und mit Siedesteinchen versehenen Dampfkolben (A)
bei E zu verbinden und auf 175⁰ zu erhitzen. Anfangs ist nur wenig
Wasserdampf in das Destillationskölbchen (B) zu lassen, um die Unter-
suchungsflüssigkeit nicht zu sehr zu verdünnen. Die Dampfzufuhr nach
B wird durch das Ventil am Kochkolben (D) geregelt und hat nur den
Zweck, ein Zurückschlagen der Flüssigkeit nach A zu vermeiden. Andererseits muß schon bei 125⁰ verbunden werden, um ein Entweichen geringer Furfurolmengen zu verhindern. Ist das Ölbad auf 175⁰ erwärmt,
so ist bei dieser konstanten Temperatur der Dampfstrom kräftig, aber
nicht zu lebhaft durchzulassen. Eine zu lebhafte Destillation würde die
Vorlage und die Flüssigkeit des Destillationskölbchens zu sehr verdünnen.
Der Dampfstrom geht am Boden des Destillationskölbchens in die zu
untersuchende Flüssigkeit, die mit 3 ccm 85%iger Phosphorsäure versetzt ist, und reißt das aus Pentose und Säure entstandene Furfurol durch
die Kühlung (K) in die verdunkelte Vorlage (L), wobei das Ansatzstück
(M) des Kühlers in das den Boden der Vorlage bedeckende Wasser ein-
taucht. Das Destillat wird behandelt wie eine bekannte Furfurolstan-
dardlösung, d. h. zu beiden Lösungen wird *gleichzeitig* je 3 ccm Eisessig
und danach je 1 ccm Anilin gegeben, bis zur Marke aufgefüllt, geschüttelt
und 15 Minuten im Dunkeln stehen gelassen. Dann wird sofort im Colorimeter verglichen, was nicht länger als 10 Minuten beanspruchen darf, da
nach dieser Zeit der Farbton sich ändert. Ich verwandte einen sogenannten LAURENDschen Colorimeter.

Zur Erzielung genauer Werte sind die Ablesungen, von denen mindestens sechs in verschiedenen Richtungen vorzunehmen sind (woraus
der Mittelwert zu berechnen ist), bei Tageslicht und durch Beschattung
der Augen vorzunehmen. — Die Farbintensität der Standardlösung soll
ungefähr mit der zu erwartenden Farbtönung übereinstimmen; es muß
also eventuell verdünnt oder vorher eine ungefähre orientierende Bestimmung ausgeführt werden. — Je geringer die zu destillierende Flüssigkeitsmenge ist, oder je konzentrierter die zu bestimmende Pentosenlösung
ist, desto eher wird alles Furfurol überdestilliert. Am besten vergleichbar
sind Mengen von 0,5—1 mg in einer Flüssigkeitsmenge von etwa 10 ccm;
höhere oder niedrigere Werte werden wegen der Farbänderung oder infolge der schwachen Farbintensität fehlerhaft. Diese Konzentration muß
gegebenenfalls wieder durch Verdünnen oder durch Eindampfen erreicht
werden. — Um feststellen zu können, ob das gesamte Furfurol überdestilliert ist, was übrigens bei 0,5—1 mg Pentosen mit etwa 40 ccm Destillat
erreicht ist, wird die Vorlage gegen Ende der Destillation gewechselt und
das nächste Destillat auf die Farbreaktion hin geprüft. — Die Berechnung der Pentosen aus Furfurol erfolgt nach der von YOUNBOURG angegebenen Weise (siehe auch TOLLENS in ABDERHALDEN, Handbuch der
biochemischen Arbeitsmethoden 110).

Sind größere Mengen anderer Zucker, die nach v. LIPPMANN (l. c.) ebenfalls geringe Furfurolmengen abspalten sollen, anwesend, so ist es ratsam, vor der Furfuroldestillation alle übrigen anwesenden reduzierenden und hydrolysierten Zucker zu vergären und dann erst die Reduktions- und Furfurolbestimmung auszuführen. Dies Verfahren wird im Analysengang eo ipso eingehalten. — Bei Anwendung der Methode nach der Vergärung von Gemischen reiner Kohlehydrate und auch Takadiastase wurde im Höchstfalle eine Differenz von 6% ermittelt.

Für die Übertragung dieser Pentosentrennung und -bestimmung auf Pflanzenmaterial wurde folgende Versuchsanordnung getroffen: Frisches Pflanzenmaterial, das nach Prüfung mit der Furfuroldestillationsmethode keine Pentosen enthielt, wurde mit einer bestimmten Menge Arabinose versetzt, zerrieben, extrahiert, gereinigt und bestimmt. Tabelle 33 gibt

Tabelle 33.

Nr.	Material	Gewicht	Arabinosezusatz	Sofortige Titration		Titration nach 24 stünd. Fermenthydrol.		Titration nach der Vergärung		Furfurolbestimmung	
				mg		mg		mg		mg	
		g	mg	1	2	1	2	1	2	1	2
1.	*Acer negundo*	2,04	2,0	14,3	14,2	16,0	16,3	7,3	7,4	1,98	1,96
2.	„	1,97	2,0	11,8	12,0	13,4	12,2	6,5	6,5	2,02	1,99
3.	„	1,06	1,0	6,1	6,4	6,9	6,9	2,8	2,9	0,97	0,97
4.	*Nicot. tabac.* .	2,10	2,0	10,7	10,6	12,6	12,4	7,1	7,6	1,94	1,96
5.	„	1,02	1,0	5,2	5,5	7,2	7,4	3,6	3,8	1,00	0,99

Ergebnisse der Tabelle 33.

Nr.	Kohlehydrate	1. Analyse	2. Analyse	3. Analyse	4. Analyse	5. Analyse
1.	Monosaccharide	7,0	6,5	3,5	3,3	1,7
2.	Hydrolys. Kohlehydrate .	1,8	1,3	0,6	3,9	1,9
3.	Pentosen	1,97	2,0	0,97	1,95	1,0
4.	Reduzierende Substanzen.	5,3	4,5	1,8	5,3	2,7

die Resultate wieder, die beweisen, daß die Anwesenheit von Hexosen ebensowenig wie diejenige anderer reduzierender Substanzen, die Pentosenbestimmung in ihrer Genauigkeit beeinträchtigt. Häufig wurde allerdings beobachtet, daß das Furfuroldestillat des Pflanzenextraktes eine für die colorimetrische Bestimmung äußerst störende Verfärbung erlitten hatte, die aber durch Zusatz von etwas Tierkohle zur Destillationsflüssigkeit bei dem untersuchten Material völlig beseitigt werden konnte, so daß die Colorimetrie auch in diesem Falle zur Anwendung gelangen konnte.

Für die Berechnung der kombinierten Reduktions- und Furfurolmethode sei im folgenden ein Beispiel gegeben: Angenommen wir finden an Gesamtreduktion nach der Hydrolyse 0,243 mg Glukose (nach Tabelle HAGEDORN-JENSEN). Die Vergärung läßt an Reduktionswerten 0,093 mg Glukose (= Pentosen + reduzierende Substanzen) übrig. Durch Subtraktion dieser beiden Werte erhalten wir die *Hexosen = 0,150 mg*. Die Furfurolbestimmung liefert an *Pentosen 0,050 mg*, die nach der Kurve A (Abb. 3) einem Titrationswert von 1,75 ccm $Na_2S_2O_3$ entsprechen. Dieser Wert liefert nach der HAGEDORN-JENSENschen Tabelle 0,043 mg Glukose (= Pentosen). Durch Subtraktion von dem nach der Vergärung gefundenen Wert wird dann die Menge *reduzierender Substanzen* ermittelt *= 0,050 mg* (in Glukose nach Tabelle HAGEDORN-JENSEN ausgedrückt).

VII. Die Trennung der Kohlehydrate.

Die Trennung der *Stärke* von den übrigen Zuckern bereitet insofern keine Schwierigkeit, als dieses Kohlehydrat allein im extrahierten Pflanzenrückstand verbleibt. Das Material wird mit Wasser aufgenommen und die Stärke darin gequollen. GAST (l. c.) zieht vor der eigentlichen Behandlung das Material zur Entfernung wasserlöslicher Substanzen 1 bis 2 Tage lang unter Thymolzusatz mit kaltem destillierten Wasser aus. BISH (l. c.) kocht das mit Wasser aufgeschwemmte Material 30 Sekunden lang. Im allgemeinen wird etwas länger gekocht, und zwar $^1/_2$ bis $^3/_4$ Stunde (THOMAS, 107 und DAVIS-DAISH, 21). SMIRNOW (l. c.) dagegen verkleistert die Stärke durch $^3/_4$stündiges Erhitzen bei 70⁰. Er vermeidet eine höhere Temperatur, um das Lösen von Hydropektin zu verhindern (vgl. S. 612).

Im Extrakt befinden sich die *Mono-, die Disaccharide und die Pentosen*. Die Anfangsreduktion erfaßt also die Glukose, die Fructose, einen Teil der Maltose (Eigenreduktion), die Pentosen und die reduzierenden Nichtzucker (*I*). Einige Schwierigkeit bereitet die Trennung der Saccharose und Maltose: Die nach der Bestimmung der Anfangsreduktion folgende Hydrolyse soll die Saccharose quantitativ umwandeln, darf dabei aber nicht die Maltose angreifen. DAVIS u. DAISH (18, 20) verwerfen die HCl-Hydrolyse bei 70⁰, da hierbei auch Maltose hydrolysiert und Pentose zerstört werden soll (vgl. die eigenen Untersuchungen). Sie empfehlen entweder 10%ige Zitronensäure oder maltasefreie Invertase. Im Gegensatz hierzu steht die Methode von TOLLENAAR, der mit KLUYVER (59) festgestellt hat, daß die Zitronensäuremethode zu unrichtigen Ergebnissen führt, während die HERZFELDsche HCl-Methode durchaus gute Resultate liefert. TOLLENAAR, dessen Methode mehrfach übernommen wurde, z. B. von SMIRNOW (98), hydrolysiert die Saccharose mit 2%iger Salzsäure 5 Minuten lang bei 70⁰. SCHRÖDER u. HORN (l. c.) invertieren dagegen wieder mit 4%iger Zitronensäure 20 Minuten lang auf dem kochenden Wasserbade. GAST bevorzugt die Saccharosebestimmung durch maltasefreie Hefeinvertase von *Saccharomyces Marxianus* und verwendet nur zur Kontrolle gelegentlich die Hydrolyse mit 5%iger Zitronensäure.

Die Maltose erfordert eine intensivere Hydrolyse als die Saccharose, jedoch ist dabei auf die durch Säuren leicht zerstörbare Fructose Rücksicht zu nehmen. Brown u. Morris (13) kochen mit n/1 HCl 3 Stunden lang; andere Autoren haben die Kochdauer verkürzt, z. B. Schröder u. Horn auf $^1/_2$ Stunde. Tollenaar hat gefunden, daß hierbei große Mengen Fructose zerstört werden und hydrolysiert daher 24 Stunden lang mit 2,5%iger Salzsäure bei 70⁰ und findet auf diese Weise etwa 95% Maltose wieder (vgl. dazu S. 606). Spoehr invertiert nur mit 0,2%iger HCl 3 Stunden lang bei 80⁰. Einen anderen Weg schlägt Gast ein: Er isoliert die Maltose durch Vergären der anderen Zuckerarten mit den maltasefreien Hefen *Torula pulcherrima* und *Saccharomyces Marxianus*, die Maltose nicht angreifen. Die Vergärung dauert allerdings 17—19 Tage.

Die Zunahme der Reduktion nach der ersten Hydrolyse (*A*) ergibt also die *Saccharose* (*II*), die Zunahme nach der zweiten Hydrolyse (*B*) die restliche Maltose (*b*), durch die infolge der konstanten Maltoseeigenreduktion (Maltose *a*) auf die *Gesamtmaltose* (*III*) geschlossen werden kann. Durch die Säurezerstörung wird die *Fructose* (*IV*) gefunden. Nach der Vergärung bleiben *Pentosen und reduzierende Nichtzucker* (*V*) zurück, deren Trennung durch die Furfurolbestimmung vorgenommen wird (*VI*). Die Differenz zwischen der Anfangsreduktion (*I*) und der nach der Vergärung (*V*) zeigt die Reduktionswerte von Glukose, Fructose, Saccharose und Maltose (*a* und *b*) an, woraus *Glukose* errechnet werden kann, da die drei anderen Zucker ja bekannt sind. Folgendes Schema gibt die einzelnen Phasen der Trennung wieder, auf welches sich die Zahlen und Buchstaben im obigen Text beziehen:

I. Anfangsreduktion = Glukose, Fructose, Maltose *a*, Pentosen, reduzierende Nichtzucker.

II. Hydrolyse *A* = Glukose, Fructose, Maltose *a*, Pentosen, reduzierende Nichtzucker, Saccharose.
Also: *II—I* = *Saccharose*.

III. Hydrolyse *B* = Glukose, Fructose, Maltose, Pentosen, reduzierende Nichtzucker, Saccharose, Maltose *b*.
Also: *III—II* = Maltose *b*, daraus Maltose *a* und *Gesamtmaltose*.

IV. Säurezerstörung = Glukose, $^1/_2$ Saccharose, Gesamtmaltose, Pentosen, reduzierende Nichtzucker.
Daraus = *Fructose.*

V. Vergärung = Pentosen, reduzierende Nichtzucker.
Also: *I—V* = Glukose, Fructose, Maltose *a*.
Daraus = *Glukose.*

VI. Furfurolbestimmung von *V* = *Pentosen.*
Restreduktion = *reduzierende Nichtzucker.*

Tabelle 34.

1.	2.	3.	4.	5.	6.	7.	8.	9.	10.	11.	1.	13.	14.
Nr.	Kohlehydrate	Gewicht	Anfangs-reduktion	5 Min. HCl Hydrolyse	24 Std. T.-D. Hydrolyse	10 Min. H_2SO_4 24 Std. T.-D.	Fructose-Zerst. nach 7.	Vergärung nach 4.	Furfurol-bestimmung nach 9.	Rück-stand mit T.-D.	Ver-gärung nach 11.	Äther-rück-stand	Ver-gärung nach 13.
		g	mg	mg	mg	mg	mg	mg	mg	mg	mg	mg	mg
1. bis 6.	Glukose, Fructose	je 0,1	399	501	425	526	380	114	102	96	0	8	9
	Saccharose, Maltose												
	Stärke, Arabinose												
7.	Sand (reduz. Substanz)	ca. 2,0											

Die Trennung der Kohlehydrate von-einander ist bei den einzelnen Zuckern besprochen worden. Es bleibt also nur noch übrig, an Hand einer sogenannten „Generalanalyse", d. h. einem Gemisch aller Kohlehydrate, die Brauchbarkeit der Methode zu dokumentieren. Es wurde dabei der bei den einzelnen Untersuchungen beschriebene Analysengang eingehalten. Zur Verunreinigung des Gemisches wurde etwas feiner Sand zugesetzt, dessen Extrakt eine geringe Reduktion zeigte, die nach der Vergärung nicht verringert wurde, also keine Kohlehydrate enthielt, auch keine Pentosen, wie sich im Analysengang (Tabelle 34, 10) herausstellte. Von der Verwendung von Pflanzenmaterial, dem eventuell eine bekannte Menge reiner Kohlehydrate zugesetzt wurde, sah ich wegen der unsicheren Kontrolle des wechselnden Kohlehydratgehaltes der Pflanzensubstanz, die also die Brauchbarkeit der Methodik nicht einwandfrei nachweisen würde, ab. Um auf eine bestimmte Pentose beziehen zu können, wurde Arabinose allein zugesetzt. Das Ergebnis kann trotz der Differenz bei der Glukose als zufriedenstellend bezeichnet werden, wenn man berücksichtigt, daß ein Gemisch *sämtlicher* Zucker, wie es im Pflanzenkörper kaum vorkommt, vorlag.

Die Analysendaten der Tabelle 34 sind Mittelwerte mehrerer Bestimmungen. Die Eigenreduktion der Takadiastase und Hefe ist abgerechnet, die Berechnung der Arabinose und Fructose ist auf den S. 594 und 618 erwähnt worden. Die Saccharose- und Maltosemengen sind in die entsprechenden Glukosewerte umgerechnet, die Stärke ist in Glukose ausgedrückt.

Berechnung der Kohlehydrate aus Tabelle 34.

1. Nr. 5—4 = *Saccharose* = 0,102 g Glukose.
2. Nr. 6—4 = 25% *Maltose* = 0,026·4 = 0,104 g Glukose (100% *Maltose*).
3. Nr. 7—6 = *Saccharose* = 0,101 g Glukose.
4. Nr. 7—5 = 25% *Maltose* = 0,025·4 = 0,100 gr. Glukose (100% *Maltose*).
5. Nr. 7—8 = Fructose + 50% Saccharose = 0,146—0,051 = 0,095 g *Fructose.*
6. Nr. 10 = 0,102 g *Pentosen.*
7. Nr. 9—10 = 0,012 g *reduzierende Substanz.*
8. Nr. 4—9 = Maltose, Fructose, Glukose = 0,285—0,095 Fructose minus 0,104 Maltose (Glukose) = 0,086 g *Glukose.*
9. Nr. 13 + (9—10) = *gesamte reduzierende Substanz* = 0,021.

Analysenergebnisse der Tabelle 34.

Nr.	Kohlehydrate	Gewicht g	Glukosewert g	Gefunden g	%
1.	Glukose	0,1	0,1	0,086	− 14
2.	Fructose	0,1	0,1	0,095	− 5
3.	Saccharose	0,1	0,105	0,102	− 3
4.	Maltose	0,1	0,105	0,104	− 1
5.	Stärke	0,1	0,100	0,096	− 4
6.	Arabinose	0,1	−	0,102	+ 2
7.	Sand (reduzierende Substanz) .	ca. 2,0	−	0,021	−

VIII. Die Isolierung der Zucker aus dem Pflanzenmaterial.

Die chemische Bestimmung der Kohlehydrate macht keine Schwierigkeiten, sofern sie in reiner Form vorliegen. Eine vollkommene Reinigung der aus Pflanzenmaterial gewonnenen Zucker ist ohne erhebliche Verluste jedoch nicht durchzuführen. Man muß also mit gewissen Verunreinigungen rechnen, und das Ansprechen dieser Verunreinigungen auf die verschiedenen Reaktionslösungen entscheidet vielfach über deren Brauchbarkeit.

Die leichte Verarbeitung der Kohlehydrate im Atmungsstoffwechsel drängt auf eine rasche Analyse des abgenommenen Materials, das in gewissen Fällen durch Zerschneiden (Spoehr), durch Mahlen oder durch Reiben unter Sandzusatz zerkleinert wird. Die sofortige Verarbeitung ist jedoch bei größeren Serienuntersuchungen nicht immer möglich. Es ist daher die

Notwendigkeit der Konservierung des Materials.

nicht zu umgehen.

Dazu ist vor der Konservierung das *Abtöten der Enzyme* erforderlich, was durch *erhöhte Temperatur* oder durch *Giftstoffe* erreicht werden kann.

Spoehr bringt die zerschnittene Substanz in einen Heißluftapparat und trocknet $^1/_2$ Stunde lang bei 98°. Durch diese Temperatur glaubt er die Wirksamkeit der Enzyme sofort vernichtet zu haben. Gast bringt die Blätter 7—10 Minuten in einen kochenden Dampftopf.

Davis u. Daish (21) übergießen das Material mit kochendem 96%igen Alkohol, dem gegen etwaige Saccharoseinversion etwas NH_3 zugesetzt ist. Ähnlich behandeln Thomas u. Dutcher (l. c.) ihr Material: in 75%igem Alkohol, der zwecks Entfernung der Säuren und Aldehyde über KOH destilliert und mit Calciumcarbonat versetzt ist, wird das Material einige Zeit gelegt, dann mit demselben Alkohol gewaschen und getrocknet. Von anderen Autoren werden Äther und Chloroform empfohlen.

Parkin (80), der keine Veränderungen im Kohlehydratgehalt festgestellt hat, hält eine Behandlung vor dem Trocknen nicht für notwendig. Dieses abweichende Ergebnis ist aus der Verschiedenheit des Materials zu erklären, denn Pflanzen, die keine fermentierbaren Zucker enthalten, können keine Differenzen in der Analyse aufweisen.

Die Konservierung des so vorbehandelten Materials geschieht entweder durch *Trocknen des Pflanzenmaterials* oder durch *Aufbewahrung unter Alkohol.*

Das Trocknen geschieht bei Thomas u. Dutcher bei einer Temperatur von 70⁰; Tollenaar wendet 100⁰ an, und Spoehr trocknet 24 Stunden lang bei 98⁰. Die von den meisten Forschern angewandte Temperatur liegt bei 70⁰. Sie scheint auch die geeignetste zu sein, denn niedere Temperaturen, die kaum angewandt werden, fallen mit dem Optimum der Enzymwirkung zusammen, während bei Anwendung höherer Temperaturen die Gefahr besteht, daß einige Pflanzenbestandteile zersetzt werden und damit von Einfluß auf die Kohlehydrate und deren Bestimmung sind. Eine eventuelle Vertreibung flüchtiger reduzierender Substanzen (Phenole) bei erhöhter Temperatur wäre dagegen für die Analyse von Vorteil. Der Disaccharidspaltung beugt man, besonders in stark sauren Pflanzen, dadurch vor, daß man vor Beginn der Trocknung eine Abstufung durch Zusatz von Calciumcarbonat zum Schutze der präformierten Disaccharide vornimmt.

Hauptsächlich in neuerer Zeit haben aber mehrere Forscher das Trocknen unterlassen. Smirnow (l. c.) z. B. hält die Verarbeitung von Frischsubstanz für ratsamer, da ,,im Material beim Trocknen eine Reihe von Veränderungen als Folge des Fermentgehaltes möglich ist.'' Dieser Forscher übergießt das Material mit siedendem Alkohol und bewahrt es so bis zur Analyse auf. Auch Belval (4) und Schumacher (l. c.) sehen vom Trocknen des Materials ab. — Zwei Nachteile dieser Konservierungsart müssen jedoch hervorgehoben werden: Eine Bezugnahme der Analysendaten auf das Trockengewicht dürfte im allgemeinen infolge der Schwankungen im Feuchtigkeitsgehalt der Pflanze exakter als auf das Frischgewicht sein. Außerdem ermöglicht die getrocknete Substanz ein Aufbewahren für längere Zeit, während frisches Material sofort verarbeitet werden sollte. Eine Aufbewahrung des Materials in Alkohol ist nur dann zu empfehlen, wenn die Extraktion später mit Alkohol vorgenommen werden soll, da seine restlose Entfernung aus dem Material umständlich und schwierig ist.

Es galt zuerst festzustellen, welches Verfahren vor der eigentlichen Konservierung das *Abtöten der Enzyme* am sichersten gewährleistete, da bei Außerachtlassung dieses Momentes unbestreitbar eine Vermehrung des Kohlehydratgehaltes nachgewiesen werden konnte. So zeigte z. B. Pflanzenmaterial (gleichartige Stücke *eines Clivia*-Blattes), das sofort frisch mit kaltem Wasser extrahiert nach 5minutiger Hydrolyse mit 2,5%iger Salzsäure ausnahmslos eine prozentuale Zunahme der Anfangsreduktion aufwies (etwa 110%), also reich an Saccharose war, eine geringe Zunahme, wenn die Wirkung der Fermente unbeachtet gelassen, d. h. wenn allmählich getrocknet wurde. Dabei wurde entweder etwa 20% der vorhandenen Saccharose hydrolysiert oder eine entsprechende Menge Zucker abgebaut (Tabelle 35). Bemerkt sei, daß die in dieser und den folgenden Tabellen wiedergegebenen Werte die Reduktion in Glukose umgerechnet ausdrücken.

Tabelle 35.

Nr.	Frisches Material			Getrocknetes Material		
	Anfangs-Reduktion mg	Reduktion nach der Hydrolyse mg	% Erhöhung mg	Anfangs-Reduktion mg	Reduktion nach der Hydrolyse mg	% Erhöhung mg
1.	1,4	2,9	107	3,4	6,5	91
2.	0,8	1,7	112	2,6	4,9	88
3.	2,6	5,6	111	2,9	5,6	93
4.	1,2	2,5	109	1,4	2,7	93

Es zeigt sich also, daß die, wie schon erwähnt (S. 625), bei Serienuntersuchungen leider nicht immer mögliche sofortige Verarbeitung des frischen Materials am empfehlenswertesten ist. Um nun beim Konservieren des Materials die Enzymwirkung auszuschalten, wurde die Brauchbarkeit der von verschiedenen Autoren empfohlenen Abtötungsmethoden nachgeprüft: Sowohl sofortige hohe Temperatur als auch Giftstoffe (Äther, Alkohol) vernichten die Wirkung der Enzyme. Am günstigsten scheint mir das sofortige Erhitzen auf etwa 98—100° zu sein, bei welcher Temperatur eine Zerstörung von Kohlehydraten nicht zu befürchten ist. Ist jedoch das Pflanzenmaterial stark sauer, so ist die Substanz vor der Trocknung durch Zerreiben mit Calciumcarbonat zu neutralisieren oder aber die Anwendung eines Giftstoffes vorzuziehen. Ich habe von der Anwendung von Alkohol oder ähnlichen zuckerlösenden Flüssigkeiten abgesehen, um einen rein wässerigen Extrakt herstellen zu können, was bei Anwendung von Alkohol aus dem oben und auf S. 630 erläuterten Grunde nur schwer möglich ist; Äther bietet dagegen den Vorteil des leichten Verdunstens. In Tabelle 36 sind die Versuche mit verschiedenen Abtötungsarten wiedergegeben.

Tabelle 36.

Nr.	Frisches *Clivia*-Blattmaterial			Im Trockenschrank $1/2$ Std. bei 98° getrocknet			Nach $1/2$ stünd. Eintauchen in wasserfreien Äther		
	An-fangs-Redukt. mg	Red. n. d. Hydrolyse mg	% Erhöhung	An-fangs-Redukt. mg	Red. n. d. Hydrolyse mg	% Erhöhung	Anfangs-reduktion mg	Reduktion nach der Hydrolyse mg	% Erhöhung
1.	1,6	2,7	71	2,5	4,3	72	2,2	3,7	68
2.	1,3	2,2	69	1,4	2,4	71	1,1	1,9	73
3.	2,1	3,6	71	2,1	3,6	71	1,7	2,9	75
4.	—	—	—	1,9	3,3	74	—	—	—

Nach dieser Vorbehandlung kann das *Material bis zur Gewichtskonstanz* getrocknet, dann gepulvert und im Exsiccator aufbewahrt werden. Noch nach etwa 2 Monaten wurden bei einem derartigen Materialpulver die gleichen Kohlehydratwerte gefunden; über eine unveränderte Aufbewahrung während mehrerer Jahre, die einige Forscher ohne Bedenken empfehlen, besitze ich keine Erfahrung; in praxi dürfte dies wohl auch ohne Bedeutung sein. Ebenso halte ich ein Sterilisieren des gepulverten Materials, wie es Tollenaar vorschlägt, in den ersten Monaten nicht für notwendig, da ich bei Aufbewahrung im Exsiccator auch an nicht sterilisiertem Material keine Veränderungen feststellen konnte. — Die günstigste Trocknungstemperatur liegt zwischen 70° und 100°, innerhalb deren ich keine Veränderungen bemerkt habe. Erst darüber hinaus (etwa 110°) treten Differenzen in dem von mir untersuchten Material auf (Blätter von *Acer negundo*, *Helianthus annuus*, *Nicotiana tabacum*), die sich teils in einer Erhöhung, teils in einem Rückgang der Anfangsreduktion bemerkbar machten (Tabelle 37). Bei wenig sauren Pflanzen ist eine

Tabelle 37.

Nr.	Material	70° mg	80° mg	100° mg	110° mg	125° mg
1.	*Nicot. tabac.* . .	5,3	5,1	5,6	3,9	3,8
2.	„ „ . .	5,4	5,0	5,2	3,5	3,7
3.	*Helianth. ann.* . . .	2,3	1,9	2,1	1,4	1,7
4.	„ „ . .	2,1	2,0	2,2	1,6	1,4
5.	*Acer negundo* . .	3,6	3,8	3,7	4,5	4,4

Anfangsreduktion von 0,1 g Trockensubstanz gleichartiger Teile *eines* Blattes.

Trocknung bis zu 100° ohne Einfluß, dagegen sinkt bereits bei 110° die Reduktionsfähigkeit ganz bedeutend (etwa 50%). Bei stark sauren Pflanzen steigt sie im Gegensatz dazu gerade bei diesen hohen Temperaturen beträchtlich an, was wohl mit der Hydrolysierung von Polysacchariden im Zusammenhang stehen dürfte.

Die Konservierung des Pflanzenmaterials durch *Aufbewahren in Alkohol* weist verschiedene auf S. 626 erwähnte Nachteile auf, die eine Anwendung nicht ratsam erscheinen lassen. Zu untersuchen war jedoch, ob Veränderungen im Kohlehydratgehalt bei unter Alkohol aufbewahrtem Pflanzenmaterial vor sich gehen. Das bis zu 2 Wochen in 96%igem Alkohol (unter Zusatz von etwas NH_3 gegen etwaige Saccharoseinversion) aufbewahrte Material wurde durch Destillation im Vakuum vom Alkohol befreit, gegen Ende der Destillation zerkleinert, mit Wasser versetzt und der noch vorhandene Alkohol restlos verdampft. Vom extrahierten Material wurde die Anfangsreduktion bestimmt, die in allen Fällen die gleiche Reduktion anzeigte (Tabelle 38). Ob eine noch *längere*

Tabelle 38.

Nr.	Pflanzen-Material	Sofort bestimmt mg	Nach 24 Std. mg	Nach 48 Std. mg	Nach 1 Woche mg	Nach 2 Wochen mg
1.	*Nicot. tabac.* . . .	4,8	4,7	4,9	4,8	5,0
2.	*Helianth. ann.* . . .	3,2	3,9	3,4	3,2	3,6
3.	*Nicot. tabac.* . .	6,6	6,5	6,8	6,6	6,8

Anfangsreduktion von 1 g Frischsubstanz gleichartiger Teile *eines* Blattes.

Aufbewahrung unter Alkohol eine allmähliche chemische Umsetzung verschiedener Substanzen, die auf die Reduktion von Einfluß sein könnten, zur Folge hat, mag dahingestellt bleiben, da auch hier eine längere Aufbewahrung kaum in Frage kommt.

Die Aufarbeitung des Materials.

1. Die Extraktion.

Im allgemeinen findet die *Extraktion durch Alkohol* statt, dessen Konzentration bei den einzelnen Autoren wechselt. Davis, Daish u. Sawyer (23) extrahieren mit 95%igem Alkohol in einem Soxlethapparat 10 bis 18 Stunden lang. Den Extrakt verwenden sie zur Bestimmung von Dextrose, Lävulose, Saccharose, Maltose und Pentosen und bewahren ihn bis zu 6 Monaten auf. Der getrocknete und gepulverte Rückstand dient zur Stärkebestimmung. Ebenfalls im Soxleth mit 75%igem Alkohol extrahieren Thomas u. Dutcher (108) bis zur Farblosigkeit des Alkohols. Gast läßt sein Material 5—6 Tage lang in 80%igem Alkohol bei etwa 40° liegen. Nach dem Abgießen des Alkohols wird nochmals in der gleichen Weise 24 Stunden lang extrahiert. Zuletzt wird auf der Nutsche abgesaugt und mit heißem Alkohol nachgewaschen. Die vereinigten Auszüge enthalten die Mono- und Disaccharide. Spoehr mischt das Blattpulver mit Calciumcarbonat zur Neutralisation der Pflanzensäuren und erhitzt mit 96%igem Alkohol zweimal je 3 Stunden lang. BELVAL glaubt, daß 60%iger Alkohol zur Extraktion am günstigsten ist.

Von dieser Extraktionsweise erhoffte man zwei Vorteile, nämlich die Trennung der löslichen Kohlehydrate von der Stärke und die Trennung der Zucker von verschiedenen störenden Substanzen (Eiweiß, Pektin, Schleim). Diesen Vorteilen der alkoholischen Extraktion steht aber ein Nachteil gegenüber, ganz abgesehen davon, daß die Vorteile auch auf andere Weise erreicht werden können: Die notwendige Abdestillation des Alkohols bei niedriger Temperatur im Vakuum ist umständlich und hat meistens Substanzverlust zur Folge.

Der Alkohol läßt sich aber ebensogut durch *Wasser* ersetzen, denn erstens ist die in der Pflanze deponierte Stärke in kaltem Wasser unlöslich, und zweitens besitzen wir bei der wässerigen Lösung eine wirksame Reinigungsmöglichkeit durch Fällen mit Schwermetallsalzen und durch Adsorption an Kohle. SCHRÖDER u. HORN (l. c.) nehmen daher auch die Extraktion mit Wasser in folgender Weise vor: Das Material wird unter Bariumcarbonatzusatz dreimal 5 Minuten lang gekocht. Nach dem ersten und dritten Kochen bleibt der Extrakt $^1/_2$ Stunde, nach dem zweiten Kochen 12 Stunden stehen. Diese Extraktionsmethode hat TOLLENAAR bei seinen Untersuchungen im Tabakblatt übernommen.

Die Unterschiede in der Dauer der Extraktion und in der Temperatur des Lösungsmittels erklären sich aus den verschiedenen Lösungsmitteln selbst und nicht zuletzt aus dem angewandten Material und dem Grad seiner Zerkleinerung.

Die Frage, ob frischem oder getrocknetem Material zur Verarbeitung der Vorzug zu geben ist, wurde dahin entschieden (S. 626/627), daß die sofortige Extraktion des frischen Materials die sicherste Gewähr für genaue Ergebnisse bietet. In diesem Falle wird die frische Substanz in einem Glasmörser unter geringem Calciumcarbonatzusatz gut zerrieben und mit der Extraktionsflüssigkeit aufgeschwemmt. Es war nun zu untersuchen, auf welche *Art und Weise* und mit *welchem Lösungsmittel* die Extraktion der Kohlehydrate aus Pflanzenmaterial am vollkommensten durchgeführt werden kann.

Bei den beiden in Frage kommenden Extraktionsmitteln, nämlich Alkohol und Wasser, waren die Vor- und Nachteile der Alkoholextraktion und deren eventuelle Ersetzbarkeit durch die Extraktion mit Wasser zu prüfen. Fassen wir die Möglichkeit ins Auge, auch durch eine Wasserextraktion die Stärke von den übrigen Kohlehydraten zu trennen, so zeigt es sich, daß tatsächlich durch kurzes Aufkochen der Substanz mit Wasser und anschließendes längeres Stehenlassen alle Pentosen, Mono- und Disaccharide, aber keine Stärke gelöst werden. Ich habe mich dabei des von TOLLENAAR beschriebenen Verfahrens bedient. (Siehe oben.)

Zuerst wurden *Versuche an reinen Kohlenhydraten* vorgenommen:

Reinste *Weizenstärke* wurde in verschiedener Lösungsflüssigkeit nach der
TOLLENAARschen Methode behandelt. Nach der Filtration durch ein *ein-
faches* Filter wurde das Filtrat durch Abdampfen vom Alkohol befreit,
nach dem bei der Stärke beschriebenen Verfahren hydrolysiert und folgende Werte gefunden: Tabelle 39. Der emulsionsartige Charakter der

Tabelle 39.

1.	2.	3.	4.	5.
96% Alkohol	70% Alkohol	50% Alkohol	30% Alhohol	Wasser
2%	4%	5%	30%	44%

Lösungen in Kolumne 4 und 5 ließ nicht auf eine Lösung der Stärke
schließen, so daß die Filtration durch ein gehärtetes Deltafilter (Firma
SCHLEICHER u. SCHÜLL Nr. 589) mit Hilfe
einer Saugpumpe vorgenommen wurde. Es
ergaben sich dann die in Tabelle 40 wiedergegebenen durchaus brauchbaren Werte, die
bezüglich der Stärketrennung den Ersatz
des Alkohols durch Wasser rechtfertigen.

Tabelle 40.

30% Alkohol	Wasser
etwa 1%	1,4%
„ 2%	0,9%

Daß die *übrigen Zucker* sich ohne weiteres nach dem TOLLENAARschen
Verfahren lösen würden, war zu erwarten und wurde durch eine Analyse,
in der Glukose, Fructose, Saccharose, Maltose, Xylose und Arabinose ge-
mischt, wie beschrieben gelöst und hydrolysiert wurden, bestätigt. —
Analysengemische von Glukose, Saccharose und Maltose mit Stärke lieferten die in der Tabelle 41 wiedergegebenen Resultate.

Tabelle 41.

Nr.	Angewandte Kohlehydratmenge mg	Gefunden nach der Totalhydrolyse mg	%
1.	0,120 Saccharide 0,040 Stärke	0,112	93
2.	0,150 Saccharide 0,050 Stärke	0,143	95
3.	0,225 Saccharide 0,075 Stärke	0,203	90
4.	0,300 Saccharide 0,100 Stärke	0,283	94

Nach diesen günstigen Ergebnissen wurden *Versuche an Pflanzenmaterial* vorgenommen. Stärkehaltiges Blattpulver (durch die Jodprobe
nachgewiesen) verschiedener Pflanzen wurde teils mit 96%igem Alkohol,
teils mit Wasser nach der TOLLENAARschen Methode extrahiert. Daß von
96%igem Alkohol ebenso wie von Wasser alle Kohlehydrate außer Stärke
gelöst werden, zeigten einfache Versuche dieser Art. Wenn nun sowohl

die Reduktion des Extraktes als auch die des extrahierten Rückstandes
nach Abzug der Reduktion der reduzierenden Nichtzucker, die durch
Vergärung ermittelt wird, im alkoholischen und wässerigen Extraktions-
verfahren gleiche Werte geben, so wird durch beide Extraktionsflüssig-
keiten die gleiche Kohlehydratmenge extrahiert. Und dies ist in der Tat
der Fall, wie die Analysen der Tabelle 42 zeigen, von denen aus zahlreichen, teils anderen Zwecken dienenden Bestimmungen nur einige Bei-
spiele angeführt seien.

Tabelle 42.

1	2	3	4		5		6		7	8	9
Nr.	Pflanzen-material	Trocken-gewicht	Anfangs-reduktion		Reduktion nach der Totalhydrolyse		Vergärung nach der Totalhydrolyse		Extr. hydr. Rück-stand.	Vergä-rung nach der Hydro-lyse	Stärke
			alk.	wäss.	alk.	wäss.	alk.	wäss.			
		g	mg	mg	mg	mg	mg	mg	mg	mg	mg
1.	*Nicot. tabac.* .	0,5	—	13,5	—	14,7	—	3,1	8,85	1,1	7,75
2.	„ „	0,5	21,6	—	22,5	—	10,7	—	8,3	1,4	6,9
3.	*Helianth. ann.*	1,0	—	26,4	—	28,0	—	10,1	8,7	0,2	8,5
4.	„ „	1,0	19,2	—	20,9	—	3,2	—	8,5	0,9	7,6
5.	„ „	0,5	—	13,9	—	16,4	—	10,8	22,9	1,4	21,5
6.	„ „	0,5	5,0	—	8,0	—	2,3	—	23,4	2,1	21,3

Die vorstehenden Versuche beweisen, daß die Stärke nach dem
TOLLENAARschen Verfahren nicht extrahiert wird, während alle übrigen
Zucker restlos gelöst werden. Damit ist der wichtigste Vorteil, den die
Alkoholextraktion bietet, hinfällig, und durch die Wasserextraktion wird
der Nachteil der zeitraubenden Alkoholdestillation umgangen.

Und noch etwas ergibt sich aus den Analysen in Tabelle 42: Es trifft
durchaus nicht immer zu (entgegen der Annahme einiger Forscher), daß
durch die Alkoholextraktion die Menge der reduzierenden Nichtzucker
im Extrakt beschränkt wird. Denn wie Nr. 2 (*Nicotiana tabacum*) zeigt,
ist gerade in diesem alkoholischen Auszug die Restreduktion größer als
im wässerigen.

2. Die Reinigung.

Wie schon wiederholt erwähnt wurde (Einleitung u. a.), enthält der
Pflanzenauszug eine Anzahl reduzierender Nichtzucker, für deren Entfernung oder quantitative Erfassung gesorgt werden muß. Vor allem
kommen hier Glukoside, Phenole, Pflanzenbasen und organische Säuren
in Frage; häufig gehen auch noch Schleim und Eiweiß mit in Lösung.
Besonders sind drei Punkte zu beachten: 1. Die tatsächlich restlose Entfernung aller Nichtzucker. 2. Die vollkommene Erhaltung der Kohlehydrate und 3. die spätere Entstehung reduzierender Substanzen.

Bemerkenswert ist die Ätherextraktion von GAST, die übrigens auch
HOLDEN (l. c.) zur Entfernung reduzierender Substanzen im Blut und

Harn verwendet. Dieser Autor läßt das getrocknete Material im Soxleth-apparat 5—6 Tage lang mit Äther extrahieren und entfernt damit haupt-sächlich Fett, Chlorophyll und organische Säuren. Ich habe diese Me-thode unabhängig von GAST, dessen Arbeit mir erst kürzlich zugänglich wurde, mit Erfolg angewandt. Ein großer Teil reduzierender Substanzen und anderer störender Stoffe wird auf diese Weise entfernt. Zu bemerken ist, daß zur Extraktion nur absolut wasserfreier Äther verwendet werden darf, da schon ein geringer Wassergehalt den größten Teil der Kohle-hydrate löst (vgl. S. 634). Das so behandelte Material wird dann erst der Extraktion unterworfen. Die alkoholischen Extrakte werden von allen Forschern unter vermindertem Druck abdestilliert und mit Wasser wie-der aufgenommen. Hohe Temperatur muß dabei vermieden werden, da sonst Saccharose leicht invertiert wird (DAVIS, DAISH u. SAWYER, 23). Da der feste Rückstand leicht der Gefäßwandung anhaftet, empfiehlt SCHUMACHER die Zugabe von ausgeglühtem Sand. BRIEDEL u. ARNOLD (12) extrahieren fettige und harzige Bestandteile nach dem Abdampfen des Alkohols mit kochendem Essigäther. Zur Ausfällung der Nichtzucker bedient man sich verschiedener Metallsalze, wie z. B. Bleiacetat, Blei-, Quecksilber-, Calciumcarbonat oder -nitrat, deren Überschuß mit H_2S, Natriumcarbonat, -bicarbonat oder -sulfat wieder entfernt werden muß. RONA (84) führt eine ganze Reihe Reagentien zur Fällung von Eiweiß und anderen Substanzen an. EVANS (l. c.) prüft mehrere Lösungen (Pb und Fe) als klärende Agentien und stellt im allgemeinen bei den verschiedenen Salzlösungen gleiche Wirkung fest. Erwähnt sei noch die Fällung mit 12%iger Silico-Wolframsäure, die MOTHES (74) mit gutem Erfolg an-gewandt hat. Vorzügliche eignet sich Kohle zur Entfärbung und Klärung der Lösung (SPOEHR). Ich selbst habe damit eine starke Verminderung der reduzierenden Substanzen feststellen können. Bei tüchtigem Nach-waschen findet kaum eine Adsorption von Kohlehydraten statt (vgl. S. 636). Durch die Metallsalzfällung werden nicht selten geringe Mengen von Kohlehydraten mit ausgefällt (GAST). EVANS dagegen hält die Zuckerausfällung durch basisches Bleiacetat für sehr gering. Zum glei-chen Ergebnis kommen DAVIS u. DAISH (19, 20) bei Beachtung gewisser Vorsichtsmaßregeln.

Diese teilweise umständlichen Reinigungsmethoden erfassen selbst-verständlich nicht restlos alle reduzierenden Substanzen. Eine quantita-tive Bestimmung dieser Nichtzucker ist daher neben der Fällung un-bedingt vorzunehmen. Die Möglichkeit hierzu besteht durch Vergären aller bis zur Glukose hydrolysierten Zucker. Die nicht vergärbaren Pen-tosen werden durch Kombination zweier verschiedener Bestimmungs-methoden ermittelt (siehe S. 618). SOMOGYI (101) empfiehlt eine 10%ige Hefesuspension, welche schon in kurzer Zeit bei 28^0 die Glukose vergärt. Die Eigenreduktion der Hefe, auf die HÖST u. HATLEHOL (l. c.) hinweisen, wird durch Bestimmung eines Blindwertes eliminiert. Eine andere, bisher leider noch nicht gelöste Schwierigkeit, auf die die genannten Forscher ebenfalls hinweisen, besteht in der späteren Bildung reduzierender Substanzen infolge hydrolytischer oder chemischer Spaltung vor oder während der Gärung.

Pflanzenbestandteile wie Fett, Chlorophyll und andere Farbstoffe, die sowohl bei der Alkoholextraktion (nach dem Abdampfen) als auch in der wässerigen Lösung durch Zusammenballen und Kleben an der Gefäßwandung störend wirken und das quantitative Erfassen der Kohlehydrate beeinträchtigen, entfernt man mit gutem Erfolg durch eine vorausgehende etwa 24stündige Extraktion im Soxlethapparat mit absolut wasserfreiem Äther. Auf die völlige Wasserfreiheit des Äthers ist ganz besonders zu achten, da, wie Versuche mit reiner Glukose zeigten, schon ein äußerst geringer Wassergehalt des Äthers hinreicht, um die Zucker quantitativ zu extrahieren, während vollkommen wasserfreier Äther keines der untersuchten Kohlehydrate löst (Tabelle 43).

Tabelle 43.

Nr.	Material g	Äther	Nach 12 stünd. Extraktion g	Nach 24 stünd. Extraktion g	Nach 48 stünd. Extraktion g
1.	0,1 Glukose . . .	H_2O-haltig	0,096	0,093	—
2.	0,1 „ . . .	H_2O-frei	0,0002	0,0003	0,0002
3.	0,1 Maltose . . .	„	0	0,0003	0,0001
4.	0,1 Stärke	„	0,0001	0,0005	0
5.	0,1 Arabinose . .	„	0,0004	0,0003	0,0001

Die Entfernung dieser störenden reduzierenden Nichtzucker durch die Ätherextraktion findet ihren Ausdruck in einem beträchtlichen Abrücken der Restreduktion des extrahierten gegenüber derjenigen des unbehandelten Materials (je nach verwendetem Pflanzenmaterial bis zu 50% der gesamten Restreduktion). Hierzu Tabelle 44.

Tabelle 44.

Nr.	Material	Trockengewicht g	Äther	Anfangsreduktion mg	Reduktion nach der Vergärung mg
1.	*Helianth. ann.* . . .	1,0	extrahiert	6,9	1,6
2.	„ „ . . .	1,0	nicht extrahiert	10,3	3,3
3.	*Nicot. tabac.* . . .	1,0	extrahiert	9,5	3,6
4.	„ „ . . .	1,0	nicht extrahiert	13,9	7,1
5.	*Rheum*	0,5	extrahiert	23,4	8,1
6.	„	0,5	nicht extrahiert	34,2	18,7

Gelegentlich wurde der Ätherextrakt destilliert, mit Wasser aufgenommen und das Reduktionsvermögen bestimmt, das, verglichen mit der Reduktionskraft der Nichtzucker vom *wässerigen* Auszug *desselben*

Materials, auch etwa 50% ausmachte und somit die Befunde der Tabelle 44 bestätigte. Eine Vergärung dieses mit Wasser aufgenommenen Ätherextraktes zeigte keine Abnahme der Reduktion, ein Beweis, daß keine vergärbaren Zucker extrahiert waren (Tabelle 45). — Die Reduk-

Tabelle 45.

Nr.	Material	Trocken-gewicht g	Redukt. des Ätherextraktes mg	Redukt. nach der Vergärung mg	Anfangsred. des wässr. Extrakt. mg	Redukt. nach der Vergärung mg
1.	*Helianth. ann.*	1,0	1,8	1,9	7,4	1,6
2.	„ „	0,5	0,8	0,9	3,6	1,1
3.	„ „	0,5	1,2	1,1	3,8	1,3

tion des Ätherrückstandes war nach 24 und 48 Stunden gleich, nach 12 Stunden etwas geringer (Tabelle 46).

Tabelle 46.

Nr.	Material	Trocken-gewicht g	12 Stunden Ätherextraktion mg	24 Stunden Ätherextraktion mg	48 Stunden Ätherextraktion mg
1.	*Helianth. ann.*. . .	0,5	0,5	0,9	0,8
2.	„ „ . . .	0,5	0,9	1,0	0,9
3.	„ „ . . .	0,5	0,6	0,9	0,9
4.	„ „ . . .	0,5	0,4	0,8	1,0

Eine restlose Entfernung aller reduzierenden Substanzen ist nicht möglich. Die Ausfällung mit Metallsalzen, von denen die mannigfaltigsten Verbindungen vorgeschlagen werden, erfüllen ihren Zweck nur unvollkommen. Ein großer Teil der gebräuchlichen Metallverbindungen, wie z. B. Pb, Hg und Fe ist wegen ihrer Umständlichkeit (Einleiten von H_2S) oder wegen ihrer Giftigkeit (bei der Gärung, siehe S. 637) oder schließlich wegen ihrer Fähigkeit, mit dem HAGEDORN-JENSENschen Reaktionsgemisch störende Verbindungen einzugehen, unbrauchbar. Außerdem habe ich eine merkliche Verminderung der Reduktion nicht feststellen können. Die günstigsten Ergebnisse lieferte die von MOTHES empfohlene 12%ige Silico-Wolframsäure, die besonders auch Pflanzeneiweiß, wie Versuche in vitro zeigten, fällt und dadurch die Reduktion herabsetzt. Als ein vorzügliches Entfärbungs-, Klärungs- und Reinigungsmittel wurde jedoch die Kohle (MERCKsche Tierkohle) erkannt (Tabelle 47).

Vergleichen wir die Befunde der Tabelle 47 mit denen der Tabelle 44 (es handelt sich um dasselbe Material), so entspricht die Adsorption reduzierender Substanzen an Kohle etwa der von Äther extrahierten Menge reduzierender Substanzen. Die durch Äther erfaßbaren reduzierenden Substanzen sind also nahezu durch Kohle zu entfernen. Die etwas zeit-

Tabelle 47.

Nr.	Material	Trocken-gewicht g	Fällungs-mittel	Anfangsreduktion mg		Reduktion nach der Vergärung mg
				1	2	
1.	*Helianth. ann..* . . .	0,5	—	5,4	5,3	1,9
2.	„ „ . . .	0,5	Calc. carb.	5,2	5,1	1,8
3.	„ „ . . .	0,5	Pb. carb.	5,1	5,1	—
4.	„ „ . . .	0,5	Sil.-Wo.-Sr.	4,7	4,8	1,3
5.	„ „ . . .	0,5	Kohle	3,9	3,9	0,8
6.	*Nicot. tabac.* . . .	1,0	—	13,7	13,7	6,5
7.	„ „ . . .	1,0	Calc. carb.	13,4	13,5	6,6
8.	„ „ . . .	1,0	Pb. carb.	13,6	13,4	—
9.	„ „ . . .	1,0	Sil.-Wo.-Sr.	12,3	12,3	5,3
10.	„ „ . . .	1,0	Kohle	11,6	11,5	4,8

raubende Ätherextraktion ist daher vollwertig durch die Kohlebehandlung zu ersetzen.

Bei tüchtigem Nachwaschen mit heißem Wasser beträgt der Verlust an Kohlehydraten durch die Adsorptionskraft der Kohle höchstens 1% der angewandten Zuckermenge. Den Befund von GAST, daß durch die Metallsalzfällung Kohlehydrate mit ausgefällt werden, konnte ich durch meine Versuche an reinen Zuckern nicht bestätigen, vorausgesetzt, daß gut mit heißem Wasser nachgewaschen wurde. Ein Verlust an Kohlehydraten ist also weder durch die Metallsalzfällung noch durch die Kohlefiltration zu befürchten (Tabelle 48).

Tabelle 48.

Nr.	Material mg	Reinigungs-mittel	Gefunden mg	
			1	2
1.	0,1 Glukose . . .	Kohle	0,098	0,099
2.	0,2 „ . . .	„	0,199	0,200
3.	0,2 Fruktose . . .	„	0,198	0,199
4.	0,1 Stärke	„	0,094	0,093
5.	0,2 „	Sil.-Wo.-Sr.	0,095	0,094
6.	0,1 Glukose . . .	„	0,099	0,099
7.	0,2 Fruktose . . .	„	0,200	0,201
8.	0,1 Glukose . . .	Pb. carb.	0,100	0,099
9.	0,2 „ . . .	Ca. carb.	0,198	0,199
10.	0,2 Stärke	„	0,189	0,191

Zu erwähnen ist noch, daß die Fällungsmittel etwa messerspitzenweise (bzw. etwa 5 ccm) auf 100 ccm Flüssigkeitsmenge unter Umrühren und Erwärmen zugesetzt wurden. Selbstverständlich wurden die Fällungsmittel auf eine etwaige Eigenreduktion nach ihrer Filtration, soweit sie mit dem HAGEDORN-JENSENschen Reaktionsgemisch selbst keine Verbindungen eingingen, untersucht. Das Ergebnis war bei Calciumcarbonat, Silico-Wolframsäure und Kohle negativ; dagegen reduzierten Tannin und Merkurosalze. Die meisten Hg- und Pb-Salze gehen mit dem HAGEDORN-JENSENschen Reaktionsgemisch Verbindungen ein.

Die notwendige *quantitative Erfassung der reduzierenden* Nichtzucker wurde erreicht durch Vergären aller anwesenden Kohlehydrate (ausgenommen die Pentosen, deren Trennung von den reduzierenden Substanzen auf S. 618 besprochen ist) und anschließender Reduktionsbestimmung. Eine etwa 10%ige Suspension frischer Brauereihefe, die im Eisschrank aufbewahrt etwa eine Woche lang ihre Gärfähigkeit behält, wurde für die Gärungsversuche verwandt. Bei allen Analysen wurde ein Blindwert ermittelt, da die Hefe eine bei den verschiedenen Ansätzen schwankende Eigenreduktion zeigte. Die Vergärungen wurden zuerst an reiner Glukose, Fructose, Saccharose und Maltose vorgenommen, wobei die Temperatur, die Dauer, die Zucker-, die Hefe- und die Flüssigkeitsmenge variiert wurden. Es ergab sich bald, daß die Vergärung nur dann eine vollkommene war, wenn das Gemisch etwa alle 10 Minuten solange geschüttelt wurde, bis die am Gefäßboden abgesetzte Hefe mit dem Wasser wieder eine gleichmäßige Suspension erreichte. Bei Unterlassung dieser Maßnahme war selbst bei merklich längerer Gärungsdauer keine vollkommene Vergärung zu erreichen. Bei einer Temperatur von etwa 37^0 wurde innerhalb von $2\,1/2$ Stunden 200 mg Zucker in 30 ccm Wasser mit 5 ccm obiger Suspension bei 10minutigem Schütteln restlos vergoren. Daß diese Vergärung ohne weiteres auf Pflanzenextrakt übertragen werden konnte, zeigen die Ergebnisse der Tabellen 42, 47 u. a.

Eine Schwierigkeit jedoch war noch zu beheben: Eine zur Hydrolyse mit HCl und zur darauffolgenden Neutralisation mit NaOH versetzte Flüssigkeit, die also NaCl enthält, wirkt auf Hefe derart schädigend, daß keine Vergärung stattfindet. So blieben in 2%iger NaCl-Lösung schon 30% Glukose unvergoren. Bei Verwendung einer Trockenhefe, die nebenbei bemerkt eine sehr hohe Eigenreduktion zeigte, wurde das gleiche Ergebnis erhalten. Überhaupt keine Vergärung trat ein bei Anwesenheit verschiedener Schwermetallsalze, wie z. B. Pb und Hg, weshalb diese Verbindungen zur Fällung reduzierender Substanzen nicht verwendet wurden (vgl. S. 635). Die Hydrolyse wurde in solchen Fällen nicht mit Salzsäure, sondern mit Schwefelsäure vorgenommen (siehe S. 601), neutralisiert mit $Ba(OH)_2$ und der Niederschlag *exakt* abfiltriert; die Vergärung ist dann vollständig. — Eine Schädigung der Hefe bei Gegenwart eines Acetatpuffers vom p_H 4,9, der bei der Inversion mit Takadiastase zugesetzt wird (S. 604), war in keinem Falle festzustellen.

Können wir die Fällung und quantitative Bestimmung der reduzierenden Nichtzucker erfolgreich durchführen, so ist trotzdem immer noch die

Möglichkeit vorhanden, daß infolge hydrolytischer oder chemischer Spaltung im Verlauf der Analyse reduzierende Nichtzucker entstehen. Leider ist der Vorgang nicht so selten: Des öfteren wurde nach der Vergärung eine Erhöhung anstatt eine Erniedrigung der Reduktion festgestellt. Vor allem kommen hier wohl Glukoside in Frage, deren Verhalten nach Säure-, Ferment- und Hefebehandlung gegenüber dem HAGEDORN-JENSENschen Reaktionsgemisch an einigen Vertretern untersucht und in Tabelle 49

Tabelle 49.

Nr.	Name	Allein titriert %	5 Min. 2,5% HCl bei 70° %	24 Std. 2,5% HCl bei 38° %	24 Std. 2,5% HCl bei 70° %	Mit Taka-Diastase %	Mit Emulsin %	Mit Hefe %
1.	Taka-Diastase	50	—	—	—	—	—	—
2.	Emulsin. . .	6	—	—	—	—	—	—
3.	Amygdalin .	9	10	12	33	41	75	45
4.	Arbutin . . .	85	85	88	139	100	82	85
5.	Coniferin . .	0	8	25	105	4	16	0
6.	Helicin . . .	0	2	4	59	33	54	0
7.	Phloridzin. .	80	80	84	92	79	82	80
8.	Salicin . . .	0	0,5	5	89	9	12	32

wiedergegeben ist. Die Hydrolyse der Glukoside wurde nach der von TOLLENS (110) gegebenen Vorschrift ausgeführt (siehe auch CZAPEK, 15). Das Ergebnis der Untersuchungen können wir dahin zusammenfassen, daß die Reduktionsmethoden die Zuckerbestimmungen in Gegenwart größerer Mengen verschiedener Glukoside wegen deren ungleichen Verhaltens gegen Säure- und Fermenteinwirkung sehr unsicher und zum Teil irreführend sind. Die quantitative Isolierung und Bestimmung von Glukosiden aus Gemischen mit Kohlehydraten ist ein noch ungelöstes Problem, das eine eingehende besondere Untersuchung erforderlich macht.

Daneben treten in den verschiedenen Pflanzen natürlich auch noch andersartige reduzierende Substanzen auf. Man hat daher von Fall zu Fall bei dem jeweils zu untersuchenden Pflanzenmaterial sein Augenmerk auf derartige Substanzen zu lenken und diese bekannten, für jede einzelne Pflanze spezifischen Stoffe durch besondere Verfahren zu eliminieren oder quantitativ zu erfassen. Ich habe eine Reihe reiner, im Handel erhältlicher und in der Pflanze vorkommender Substanzen bezüglich ihrer Reduktionskraft auf das HAGEDORN-JENSENsche Gemisch nach der üblichen Reinigung durch die Fällungsmethode geprüft und gebe in der Tabelle 50 die Ergebnisse wieder. Von den Substanzen wurde durchweg eine 0,02%ige Lösung hergestellt und bestimmt. Zu den hohen Reduktionswerten des Glyoxals, der Glycerinsäure und der Brenztraubensäure ist zu bemerken, daß Glyoxal und Glycerinsäure als Stoffwechselprodukte

Tabelle 50.

Nr.	Substanz	Reduktions-Kraft in % der angewandten Substanz in Glukose ausgedrückt
1.	Äpfelsäure (1-drehend)	0
2.	Alanin	0
3.	*Alkohol* (96%)	0,01
4.	Arginin.	5,5
5.	Asparagin.	0
6.	Asparaginsäure	0
7.	Benzaldehyd	10
8.	Benzoesäure.	0
9.	Bernsteinsäure	0
10.	Brenztraubensäure	*48*
11.	Chinasäure	0
12.	Dioxyphenylalanin.	Ausfällung
13.	Eiweiß	9
14.	Glutaminsäure.	7
15.	Glyzerinsäure	*21*
16.	Glykonsäure	0
17.	Glyoxal.	*80*
18.	Glyoxylsäure	7,5
19.	Lävulinsäure	0
20.	Leucin	etwa 7,5
21.	Maleinsäure.	0
22.	Mesoxalsäure	6
23.	Oxalessigsäure.	13
24.	Oxaminsäure	0
25.	Protokatechusäure	Ausfällung
26.	*Toluol*	0,30
27.	Zuckersäure.	0

der Pflanze nicht bekannt sind, Brenztraubensäure dagegen wegen der leichten Angreifbarkeit durch Carboxylase nie angehäuft im Pflanzenkörper vorkommt.

In diesem Zusammenhang sei auch in der gleichen Tabelle (50) die reduzierende Wirkung des zum Extrakt als Antiseptikum zugegebenen Toluols und des bei der Gärung entstehenden und als Extraktionsmittel verwendeten Alkohols wiedergegeben. Sowohl Toluol als auch Alkohol wirken erst in stärkerer Konzentration reduzierend, so daß diese Reduktion unbeachtet bleiben kann, da Toluol ja nur tropfenweise zu großen Flüssigkeitsmengen zugesetzt wird und seine Löslichkeit in Wasser außerordentlich gering ist. Die bei der Gärung entstehenden Alkoholmengen sind äußerst gering und können wie der zur Extraktion verwendete Alkohol durch Vakuumdestillation leicht entfernt werden. — Von Alkohol und Toluol wurden 2%ige Verdünnungen bereitet und untersucht.

VI. Zusammenfassung und Schlußbetrachtung.

Im vorstehenden wird eine Methode zur quantitativen Erfassung kleinster biologisch wichtiger Kohlehydrate empfohlen. Die HAGEDORN-JENSENsche Mikromethode zur Blutzuckerbestimmung wurde für die Bestimmung der wichtigsten Kohlehydrate im Pflanzenmaterial als am geeignetsten erkannt und für die Analyse der einzelnen Zucker abgeändert.

Die Bestimmung der *Glukose* kann bei Beachtung einiger technischer Änderungen an der Methode selbst am Pflanzenmaterial direkt vorgenommen werden. Die *Fructose* reagiert auf das HAGEDORN-JENSENsche Reaktionsgemisch in gleicher Weise wie die Glukose und kann aus Zuckergemischen nach der Zerstörung mit Salzsäure bestimmt werden. Die Abhängigkeit der Säurezerstörung von der prozentualen Zusammensetzung des Glukose/Fructosegemisches ist eingehend untersucht worden und muß bei Berechnung der Komponenten berücksichtigt werden. *Saccharose*, *Maltose* und *Stärke* wurden nach der Säure- oder Fermenthydrolyse mit der gleichen Methode ermittelt. Hierbei wurde der exakten Trennung dieser Zucker besondere Beachtung geschenkt. Für die beiden Pentosen *Arabinose* und *Xylose*, die das HAGEDORN-JENSENsche Reaktionsgemisch ebenfalls reduzieren, wurden die Reduktionswerte festgestellt. Die Trennung der Pentosen von den Hexosen geschieht durch Vergären, diejenige von den reduzierenden Substanzen durch die abgeänderte colorimetrische Furfurolbestimmung nach YOUNGBOURG. *Die Vorbehandlung des zu untersuchenden Pflanzenmaterials und die Isolierung der Kohlehydrate* daraus ist Gegenstand eingehender Untersuchungen gewesen, als deren wichtigstes Ergebnis neben der Äther- und H_2O-Extraktion des getrockneten oder frischen Materials die Bestimmung der reduzierenden Nichtzucker durch die biologische Methode in Form der Vergärung durch Hefe gewertet werden kann. Dies bedeutet unbestreitbar einen Fortschritt in der Trennung der reduzierenden Substanzen von den tatsächlichen Zuckern. Fast alle bisherigen Kohlehydratbestimmungsmethoden haben ja diese sogenannten Nichtzucker wenig oder gar nicht berücksichtigt, sind daher unsicher und ihres Wertes beraubt. Dagegen ermöglichte die neuausgearbeitete Methode eine zuverlässige Bestimmung der wichtigsten Kohlehydrate wenigstens bei einigen besonders geeigneten Pflanzen, wie *Begonia semperflorens* und *Oxalis tetraphylla*.

Leider bleibt trotzdem eine bedauerliche Unsicherheit bestehen. Denn häufig wurde nach der Vergärung anstatt einer Erniedrigung eine Erhöhung der Reduktion festgestellt, eine Tatsache, die vor allem auf den Einfluß der Glukoside auf das Reaktionsgemisch und die Veränderlichkeit derselben durch die angewandten Methoden hindeutet. Diese Schwierigkeiten zu beseitigen wird die Aufgabe weiterer Untersuchungen sein, die am hiesigen Institut bereits auch in Angriff genommen worden sind. Die vorliegende Arbeit ist nur als ein erster Vorstoß auf dieses Ziel hin zu betrachten.

Die vorliegende Arbeit wurde in den Jahren 1927—1929 im Botanischen Institut der Universität Leipzig ausgeführt. Sie entstand auf Anregung und unter beständiger Leitung meines verehrten Lehrers, des Herrn Professor Dr. RUHLAND, dem ich dafür, sowie für das rege Interesse, das er meiner Arbeit zuteil werden ließ, Dank sagen möchte. In besonderem Maße bin ich ferner Herrn Privatdozent Dr. WETZEL für seine wertvollen Ratschläge zu großem Dank verpflichtet.

Literatur.

1. **Åkermann:** Lund 1927. — 2. **Asboth:** Repert. analyt. Chem. **7** (1887). — 3. **Bang:** Mikrometh. zur Blutuntersuchung. München: J. F. Bergmann. — 4. **Belval:** Rev. gén. Bot. **36** (1924).— 5. **Benedikt:** J. of biol. Chem. **3** (1907). — 6. Ebenda **5** (1908/09). — 7. Ebenda **20** (1915). — 8. Ebenda **34** (1918); **48** (1921). — 9. Ebenda **64** (1925). — 10. **Bertrand:** Bull. Soc. Chim. biol. Paris, III. sér., **35** (1906). — 11. **Bish:** Biochemic. J. **23**, 1 (1929). — 12. **Briedel** et **Arnold:** Bull. Soc. Chim. biol. Paris **3** (1921). — 13. **Brown, Morris** a. **Miller:** Trans. roy. Soc. Lond. **71** (1897) und J. chem. Soc. Lond. **63** (1893). — 14. **Cajori:** J. of biol. Chem. **54** (1922). — 15. **Czapek:** Biochemie der Pflanze **1.** — 16. **Czonka** a. **Taggart:** J. of biol. Chem. **54** (1922). — 17. **Daish:** J. agricult. Sci. **6**, 255 (1914). — 18. **Davis:** Ebenda **6**, 413 (1914). — 19. Ebenda **8**, 7 (1916/17). — 20. **Davis** a. **Daish:** Ebenda **5**, 437 (1912/13). — 21. Ebenda **6**, 152 (1914). — 22. **Davis** a. **Sawyer:** Ebenda **6**, 406 (1914). — 23. **Davis, Daish** a. **Sawyer:** Ebenda **7**, 255 (1915/16). — 24. **De Chalmot:** Amer. chem. J. **15**, 276 (1893); **16**, 218 (1894). — 25. **Dennstadt** u. **Voigtländer:** Forschungsberichte über Lebensmittel **2** (1895). — 26. **Denny:** J. Assoc. Offic. Agricult. Chem. **6** (1922).—27. **Donhoffer:** Biochem. Z. **213** (1929). — 28. **Duggan-Scott:** J. of biol. Chem. **67** (1926). — 29. **Ehrlich-Schubert:** Biochem. Z. **203** (1928). — 30. **Evans:** Ann. of Bot. **42**, 165, 1 (1928). — 31. **von Fellenberg:** Biochem. Z. **85** (1918). — 32. **Fleury** et **Boutöt:** Bull. Soc. Chim. biol. Paris **5** (1923). — 33. **Fleury** et **Poirot:** Ebenda **4** (1922). — 34 **Folin:** J. of biol. Chem. **67** (1926). — 35. Ebenda **77** (1928). — 36. **Folin-Wu:** Ebenda **38** (1919). — 37. Ebenda **41** (1920). — 38. **Fontes** et **Thioville:** Bull. Soc. Chim. biol. Paris **4** (1922); **5** (1923). — 39. **Gast:** Hoppe-Seylers Z. **99** (1917). — 40. **Gilbert** a. **Bock:** J. of biol. Chem. **62** (1924). — 41. **Girard:** C. r. Paris 1904, 1629. — 42. **Gooch** a. **Heath:** Amer. J. Sci. **14** (1907). — 43. **Greenwald:** J. of biol. Chem. **62** (1924/25). — 44. **Greiner:** Biochem. Z. **128** (1822). — 45. **Hagedorn-Jensen:** Ebenda **135** (1923). — 46. **Herzfeld** u. **Klinger:** Ebenda **107** (1920). — 47. **Hinton** a. **Macara:** Analyst. **49**, Nr 574 (1924). — 48. **Hoffmann:** J. of biol. Chem. **73** (1927). — 49. **Holden:** Biochem. J. **20**, 2 (1926). — 50. **Hörmann:** Inaug.-Diss. Münster 1906. — 51. **Höst** a. **Hatlehol:** J. of biol. Chem. **42** (1920). — 52. **Iljin:** Biochem. Z. **193** (1928). — 53. **Jodlbauer:** Z. Ver. dtsch. Zuckerindustr. 1888. — 54. **Johannson:** Chem. Zbl. **2** (1908). — 55. **Jolles:** Z. analyt. Chem. **45** (1906).— 56. **Kambayashi:** Biochem. Z. **203** (1928). — 57. **Karrer:** Erg. Physiol. **20** (1922). — 58. **Kerb:** Biochem. Z. **100** (1919). — 59. **Kluyver:** Biochem. Suikerbepalingen. Diss. Delft. 1913. — 60. **Knecht-Hibbert:** J. of chem. Soc. Lond. **2**, 125 (1924). — 61. **König:** Chemie der menschlichen Nahrungs- und Genußmittel **3**, 1. — 62. Z. Unters. Nahrgsmitt. usw. **13** (1907).—63. **Kulisch:** Tätigkeitsberichte der Versuchsstation Kolmar i. E. (1904—06). — 64. **Ling** u. **Rendle:** Analyst. **30** (1905); **32** (1908). —

65. **v. Lippmann:** Chemie der Zuckerarten. Braunschweig 1904. — 66. **Lund u. Wolf:** Biochem. J. **20**, 2 (1926). — 67. **Lundsgaard:** Biochem. Z. **201** (1928). — 68. **Maclean:** J. of Physiol. **50** (1916) und Biol. J. **13** (1919). — 69. **Maquenne:** C. r. Acad. Sci. Paris **112** (1891). — 70. Ebenda **146** (1908). — 71. **Martinson:** Biochem. Z. **185** (1927). — 72. **Mc.Cance:** Biochemic. J. **20**, 5 (1926). — 73. **Miehe:** Ber. dtsch. bot. Ges. **41** (1923). — 74. **Mothes:** Planta **5**, 4 (1928). — 75. **Myers u. Bailey:** Biochemic. J. **24** (1916). — 76. **Neubauer:** Ber. dtsch. chem. Ges. **10** (1877). — 77. **Neuberg:** Hoppe-Seylers Z. **31** (1900). — 78. Ber. dtsch. chem. Ges. **35** (1900). — 79. **Nishikawa:** Biochem. Z. **188** (1927). — 80. **Parkin:** Biochemic. J. **6**. — 81. **Pervier a. Gortner:** Industr. and Eng. Chem. **15** (1923). — 82. **Pringsheim:** Ber. dtsch. chem. Ges. **55** (1922). — 83. **Radt:** Biochem. Z. **198** (1928). — 84. **Rona:** In Abderhaldens Handbuch der biochemischen Arbeitsmethoden **2** (1910). — 85. Prakt. d. physiol. Chemie. Berlin 1926. — 86. **Rona u. Michaelis:** Biochem. Z. **57/58** (1913). — 87. **Ruff u. Ollendorf:** Ber. dtsch. chem. Ges. **32** (1899). — 88. **Ruhland:** Jb. f. wiss. Bot. **50**. — 89. **Sabalitschka:** Biochem. Z. **111** (1929). — 90. Ebenda **207** (1929). — 91. **Samek:** Ebenda **218** (1930). — 92. **Scales:** J. of biol. Chem. **23** (1915). — 93. **Schröder u. Horn:** Biochem. Z. **130** (1922). — 94. **Schumacher:** Planta **5**, H. 2 (1928). — 95. **Seyfert:** Z. anorg. Chem. **15** (1888). — 96. **Shaffer-Hartmann:** J. of biol. Chem. **45** (1920/21). — 97. **Sieben:** Z. Ver. dtsch. Zuckerindustr. 1884. — 98. **Smirnow:** Planta **6** (1923). — 99. **Soerensen:** Biochem. Z. **21** (1909). — 100. **Somogyi:** J. of biol. Chem. **70** (1926). — 101. Ebenda **75** (1927). — 102. **Spoehr:** The Carbohydr. Economy of Cact. Washington 1919. — 103. **Stone:** Ber. dtsch. chem. Ges. **23** (1890). — 104. **Sumner:** J. of biol. Chem. **47** (1921). — 105. **Syniewski:** Biochem. Z. **158**, **162** (1923). — 106. **Thomas:** Biochemic. Bull. **3** (1914). — 107. J. amer. chem. Soc. 2, 46 (1924). — 108. **Thomas a. Dutcher:** Ebenda **2**, 46 (1924). — 109. **Tollenaar:** Wageningen: H. Veenman u. Zonen 1925. — 110. **Tollens:** Die wichtigsten Methoden zum quantitativen und qualitativen Nachweis der Zuckerarten. In: Abderhaldens Handbuch der biochemischen Arbeitsmethoden **2** (1910). — 111. **Treadwell:** Lehrbuch der Chemie **2**. Leipzig 1907. — 112. **Vischer:** J. of biol. Chem. **69** (1926). — 113. **Willstätter u. Schübel:** Ber. dtsch. chem. Ges. **51**, I (1918). — 114. **Wohlgemuth:** Biochem. Z. **39** (1912). — 115. **Youngbourg:** J. of biol. Chem. **73** (1927). — 116. **Youngbourg a. Pucher:** Ebenda **61** (1924). — 117. **Zaitschek:** Landw. Versuchsstat. **58** (1903).

Lebenslauf.

Ich wurde am 19. August 1898 in Löderburg bei Staßfurt als Sohn des prakt. Arztes Sanitätsrat Dr. WILHELM LEHMANN und dessen Ehefrau Minna geb. HEGEWALD geboren. Nach Absolvierung des Pädagogiums zum Kloster U. L. Fr. zu Magdeburg wurde ich zum Heeresdienst beim Infaterie-Regiment Nr. 66 zu Magdeburg eingezogen. An der Westfront wurde ich im Jahre 1918 zum Offizier befördert und im Jahre 1919 bei Auflösung der alten Armee entlassen. Darauf trat ich in die Phönix-Apotheke zu Magdeburg als Praktikant ein. Nach Ablegung des pharmazeutischen Vorexamens im Jahre 1921 war ich als Assistent in mehreren Apotheken und Fabriken innerhalb des Deutschen Reiches tätig. Infolge der Inflation konnte ich nach dem Ableben meines Vaters erst im Wintersemester 1924/25 an der Universität zu Bonn das pharmazeutische Studium beginnen, das ich in Leipzig vollendete und im November 1926 mit dem pharmazeutischen Staatsexamen abschloß. Von dieser Zeit an wandte ich mich vornehmlich botanischen Studien zu.

OTTO LEHMANN.